FERNANDO ECHARRI IRIBARREN

EXPERIENCIAS SIGNIFICATIVAS DE VIDA

Encuentros, Epifanías y Teofanías en el Medio Ambiente

EDICIONES UNIVERSIDAD DE NAVARRA, S.A.
PAMPLONA

Serie: Ciencias

Cupón para la Biblioteca Virtual

Accede a la versión eBook de este título por solo **1,99 €**. Con la compra de este libro puedes utilizar el siguiente cupón para la lectura en *streaming** desde la Biblioteca Virtual. **Sigue estas instrucciones** para visualizar tu libro:

1. Dirígete a la web de la Biblioteca Virtual en **https://ebooks.eunsa.es**.

2. En la web ve a **Iniciar sesión** e introduce tu email y contraseña. Si no estás registrado, deberás completar el proceso en **Registrarse**.

3. Tras registrarte, accede a la página del libro o lee el QR de esta página. Bajo el precio podrás **insertar el código oculto en el siguiente cupón para activar la promoción**.

Despegue para visualizar

Acceso directo al eBook

Canjéalo en ebooks.eunsa.es

*Con acceso a internet desde cualquier navegador.

© 2025. Fernando Echarri Iribarren
Ediciones Universidad de Navarra, S.A. (EUNSA)
Campus Universitario • Universidad de Navarra • 31009 Pamplona • España
+34 948 25 68 50 • www.eunsa.es • eunsa@eunsa.es

ISBN: 978-84-313-4062-9
DL NA 1732-2025

Portada
Signstock

Printed in Spain – Impreso en España
Imprime Podiprint

Índice

"*¿Por qué nos cuesta tanto ver?*". "*Miré; lo mirado permaneció elusivo, miré más intensamente, miré arrodillado, hasta que lo logré*". Estas palabras, extraídas de la obra de Rainer Maria Rilke, resumen de una forma admirable uno de los retos más decisivos de la persona humana: la mirada, podríamos decir, radicalmente atenta, de aquello que nos rodea. Nos cuesta ver porque no miramos "arrodillados". Y aquí podríamos entender ese "arrodillados" como "dispuestos a ver lo que hay más allá", a ser sorprendidos, a dejarnos interpelar por algo más amplio y profundo que lo que estamos buscando o que lo que esperamos ver cuando miramos. Algo que nos habla de lo que nos trasciende, pero que podemos entender porque se nos dice con un lenguaje que no nos es ajeno, que forma parte de nosotros, porque nosotros formamos parte de quien nos está hablando.

A los que nos gusta pasar tiempo en la naturaleza solemos decir que uno ve solo lo que está buscando. A menudo pasamos por delante de algo maravilloso y nos pasa desapercibido simplemente porque no lo estamos buscando: oímos, pero no entendemos; miramos, pero no vemos. También nos puede pasar que nos acerquemos a la naturaleza con la superficialidad del que no tiene más remedio que "pasar por ahí" o con la actitud del que solo la trata como un escenario donde pasar el rato o divertirse. Del que la usa. Hay quienes rehúyen las montañas y los bosques como si solo fueran hogar de alimañas y peligros. Hay quienes piensan que solo las construcciones que han salido de la mano del hombre pueden proporcionar las condiciones necesarias para la vida. Todo esto no hace sino certificar que es del propio interior de donde sale la forma de mirar y relacionarse con el entorno, y que la clave para tener una relación más profunda con la naturaleza no reside tanto en la naturaleza misma como en la propia interioridad de cada persona. Interioridad que a menudo está herida o rota.

Vivimos en un mundo plagado de paradojas a las que, a menudo, cerramos los ojos. Queremos cuidar el entorno en el que vivimos, y multiplicamos leyes y reglamentos, como si la coerción fuera la solución a los problemas que tenemos. Acá y allá hay prohibiciones, hay multas, hay advertencias, hay vigilancia. Pero sigue habiendo algo que no funciona. Porque todo eso no ha sanado la insensibilidad de tantas personas. Cuando alguien nos mira o nos pregunta, de nuestra boca sale lo políticamente correcto. Y, ciertamente, en algunos ámbitos, el respeto por la naturaleza ha mejorado. Pero, y aunque pueda sonar esta afirmación un poco sensiblera, el *quid* de la cuestión no se encuentra en el mero respeto, sino en algo que va mucho más allá. El mero respeto parece implicar que humanidad y naturaleza son dos realidades radicalmente separadas, que no tienen más remedio que entenderse. Pero esa concepción es muy pobre.

El término "naturaleza" es complejo y puede hacer referencia a diversas dimensiones de la realidad. Lo uso aquí como referido a lo que, al oírlo, intuitivamente se nos viene en primer lugar a la cabeza: los bosques, las montañas, los ríos, los mares, los páramos, las simas, las estrellas, los vientos, la nieve, las plantas y sus flores y frutos. Todos sabemos lo que significan estas palabras. Pero no todos conocen de verdad las realidades a las que remiten. Para conocer una realidad hay que "escucharla", hay que hablar con ella. Todo en la creación es palabra que está continuamente hablando, interpelando, regalando. Y no se trata de palabras sueltas. Cada palabra habla del "uno" que es la creación. No vivimos en un mundo compuesto por piezas sueltas, sin relación alguna entre ellas: aquí una piedra, allí una guarida; aquí una cascada, allí tierra yerma; aquí un castaño, allí una salina. Cuando somos niños nos enseñan en el colegio que todo está en relación con todo, que todo necesita de todo, que hay unos ciclos de la vida, que hay unas simbiosis. Y que el hombre también forma parte de ello. Si aquí crece esta flor es porque hay este suelo; si una planta se expande es porque hay determinados polinizadores; si hay tal vegetación con tal fruto es porque se dan tales condiciones atmosféricas; si existe esta especie animal es porque está cerca esta otra. Hay un equilibrio, una ley siempre más amplia de lo que pensábamos, cuyos entresijos van siempre un poco por delante de nuestro conocimiento.

Ciertamente, no es lo mismo una jirafa que una orquídea, ni es lo mismo un diamante que una serpiente, ni es lo mismo un delfín que una persona. Hay algo en el espíritu humano que le permite abarcar la totalidad de lo creado, y que lo capacita para cuidar y gobernar todo. Al menos, como posibilidad. La Biblia dice que Dios nos dio la capacidad de poner nombre a los seres creados. Podemos conocerlos y amarlos. Fuimos puestos en un Jardín con el fin de cultivarlo. La naturaleza nos ayuda a ser humanos, nosotros ayudamos a la naturaleza a ser ella misma. Pero ese gobierno fácilmente se convierte en dominio despótico, en ocasión de negocio y beneficio, en estrategias para conseguir los propios objetivos, haciendo abstracción de muchas cosas esenciales. Hay algo que se ha truncado en la convivencia que está inscrita en lo más profundo de nuestro ser. Algo que no ha madurado. Algo que ha permanecido dormido. Algo que se ha torcido.

En su libro, Fernando Echarri propone al lector un camino que es, contemporáneamente, crecimiento humano y desarrollo armónico de la naturaleza. Hay diferentes temperamentos y sensibilidades, pero todos respiramos, todos necesitamos de los demás, todos crecemos al implicarnos en las necesidades de quienes nos rodean y de lo que nos rodea. El espíritu de todos se expande, en mayor o menor medida, cuando aprende a respirar la belleza que le rodea y que le educa y alimenta. Que la relación con la naturaleza sea vivificante para ambos depende no solo de las clases que recibimos en el colegio, de las indicaciones que vemos cuando salimos al campo, de lo que nos dicen nuestros mayores o de las leyes vigentes. Depende, en último término, de una toma de conciencia que surja de la fibra más interior de nuestro ser. Y hasta ahí es hasta donde nos llevan las palabras de Rilke mencionadas al principio de este prólogo.

Al final de su libro, Fernando Echarri se pregunta por unas estrategias de ecología profunda para la educación ambiental y propone estas: encuentros en la naturaleza y aprender a mirar. Está por un lado la actitud de fondo, existencial diría. Una actitud de apertura y escucha permanente. Porque hay una voz que no deja de hablar, a veces incluso de gritar, pero de la que no nos damos cuenta porque ni siquiera estamos abiertos a la posibilidad de que exista. A menudo, porque "no la necesitamos". La persona humana es radicalmente pobre, radicalmente necesitada, radicalmente mendiga. No solo de realidades materiales. La naturaleza nos recuerda nuestra condición espiritual: somos materia y espíritu, somos continuidad con la tierra que pisamos y, al mismo tiempo, la trascendemos. Y la naturaleza, siendo materia, también habla a nuestra dimensión espiritual, recordándonos que, en su origen, hay algo más que materia. Aprender a mirar es superar una forma material, superficial, de mirar, un asombrarse por lo grande y por lo pequeño, por el orden, por las formas, por los colores, por la tersura, por el cielo y por las profundidades. Por luz y por las sombras.

Y encuentros en la naturaleza. Experiencias. No cualquier experiencia, porque no todas las experiencias son verdadero encuentro. Las experiencias que tocan nuestra fibra más profunda son una confluencia de actitud y suceso. En cierto modo no se preparan, sino que acontecen de improviso, sorprenden. Incluso asustan. Pero, en cierto modo, debemos estar preparados para que, en ellas, de hecho, pueda darse un verdadero encuentro. Sí, están relacionadas con algo que entra en la escena de nuestra vida de una forma súbita y poderosa: un venado en libertad que se nos cruza en el camino, un rayo de luz entre las nubes, un copo de nieve en un guante, el sonido de un alud en la lejanía, los colores de una flor de alta montaña, el súbito silencio antes de una tormenta, una cascada a la vuelta de la esquina, un árbol cargado de fruto en el camino. Pero no es solo eso. Es una confluencia espiritual. La toma de conciencia de la existencia de algo más amplio y profundo, de algo que nos introduce en la eternidad de Dios "hecha materia en lo que nos rodea" y que necesita de un corazón que esté buscando. No necesariamente algo concreto. Sólo que esté buscando.

Sólo cuidamos de verdad aquello que amamos, aquello que estamos dispuestos a amar. Solo cuidamos de verdad, con todo nuestro ser, a aquel a quien amamos, a aquel a quien estamos dispuestos a amar. Solo se puede amar de verdad cuando el deseo de dominar o poseer es vencido por el deseo de dar y cuidar con agradecimiento. La naturaleza puede ser objeto de esa actitud del corazón. Amamos de una forma diferente a una persona que a un árbol. Con distinta forma de amor, sí, pero con verdadero amor humano. Como se ha dicho antes, la persona pervive en el tiempo y puede contener en sí a toda la creación, y por eso puede cuidarla y gobernarla como hogar que también tiene una vocación, la de poder ayudar lo mejor posible a que la humanidad crezca y se desarrolle como tal. Dice san Pablo que la creación gime y sufre con dolores de parto porque está sometida a vanidad, y que podrá ser liberada de esta esclavitud en la medida en que hombres y mujeres seamos realmente lo que estamos llamados a ser: hijos de Dios. El hijo de Dios participa de la sabiduría creadora, es capaz de captar ese vínculo profundo que hay entre todo lo que existe. Es capaz de abrazar las leyes de la vida, y eso le permite un modo de existencia que, al mismo tiempo que recurre a todo lo creado para vivir y crecer en sus diversas dimensiones, protege y cuida del principio de vida de lo que le rodea.

Cuando uno es pequeño en la medida en que empieza a darse cuenta de lo que le rodea acumula elementos sueltos. Según va creciendo, va relacionando, va uniendo. Si nos ayudamos mutuamente a fomentar la riqueza interior, iremos aprendiendo a pararnos, a considerar las cosas más despacio, a recordar. Unas realidades nos evocarán otras. Y así nuestra mirada será cada vez más rica y no solo no se cerrará al asombro, sino que cada vez se asombrará más de lo que pensaba que ya conocía. En esto nos tenemos que ayudar unos a otros, promoviendo esas experiencias, ayudándonos a interiorizarlas, redescubriendo que quizá una experiencia que nos parecía normal, ha sido, en realidad, algo extraordinario. Es más, con el tiempo nos daremos cuenta de que lo extraordinario es mucho más normal de lo que nos parecía. Y de que la naturaleza es como una compañera de camino que lo manifiesta y lo canta. En nuestras manos está el ayudarnos a no sentirnos ajenos a esa riqueza, a crecer en sensibilidad, a tener verdaderos encuentros que transformen, a valorar más la diversidad que nos abraza y que es expresión de la pura vida. Este es el camino para que el verdadero compromiso arraigue en nuestro interior y todos, no solo unos pocos, nos sintamos responsables, cuidando y gobernando la naturaleza en lo que podamos, de hacer cada día un mundo mejor para nosotros y para los que vengan después de nosotros.

Juan Luis Caballero

0
Ocurrió en Etiopía

Aunque quizás convenga remontarse unos meses atrás de ese viaje realizado en 2013, cuando conversaba con mi amigo Gorka sobre la situación de la educación en cuestiones ambientales, la llamada Educación Ambiental. Los dos llevábamos muchos años trabajando en este campo, intentando potenciar la comprensión de la relación de las personas con la naturaleza para favorecer comportamientos amables con ella, para promover su cuidado y conservación. A lo largo de los más de cincuenta años de vida de esta disciplina, desde su aparición en foros internacionales, se habían venido realizando infinidad de programas y campañas sobre diferentes problemas ambientales. A pesar de estos esfuerzos ambos coincidíamos en que los resultados obtenidos no eran los esperados. No se veía un cambio de dirección en los comportamientos de la sociedad con el medio ambiente. La conservación del planeta no mejoraba, su deterioro era cada vez más patente. Las dudas nos asaltaban: ¿de verdad estamos avanzando?; ¿eran potentes y duraderas las sensibilizaciones ambientales?; ¿se producían cambios de

---

1. Fragmento de la película "*¿Dónde estará mi niño?*", Delgado, L. M. (Dir.), 1981.

comportamientos y nuevos hábitos ambientalmente adecuados?; ¿afianzaban valores proambientales en las personas? Nuestro pesimismo era evidente. Ambos pensábamos que quedaba mucho por avanzar para lograr una sensibilización ambiental más potente e integral[2]. Los dos expresábamos nuestra convicción de la necesidad de un cambio paradigmático en la Educación Ambiental, un cambio cualitativo, de un nivel superior, que hiciera progresar de verdad a las personas en su sensibilización hacia las cuestiones ambientales. Un cambio mucho más potente que afectase de manera más determinante al interior de las personas. Un cambio que les tocase el corazón. Había que avanzar para conseguir un nivel más profundo de sensibilización, de manera que el medio ambiente se constituyera como una cuestión nuclear en la vida de las personas. Lo que yo ignoraba es que poco tiempo después iba a experimentar personalmente una vía que podía producir esos potentes cambios sensibilizadores que podían suponer una transformación para las personas de manera inmediata en su relación con la naturaleza.

En las semanas posteriores a esta conversación aparecieron en mi vida una serie de lo que podríamos llamar "signos" aparentemente inconexos. Para algunas personas estos signos resultarían sin sentido y triviales, pero para mí fueron lo suficientemente significativos e inequívocos, como para detectar que se trataba de una sincronicidad que me llamaba a realizar un viaje a Etiopía en cuanto fuera posible. Etiopía me llamaba y dos meses más tarde aterricé en Etiopía y en Etiopía ocurrió. Allí se me reveló inesperadamente una interesantísima vía de sensibilización: las Experiencias de Vida Significativas (SLE). En la visita a un templo milenario en Gondar, en medio de una repentina y descomunal tormenta, rodeado de infinidad de aves oteando desde enormes árboles custodios, envuelto por truenos, relámpagos y rayos, tuve

2. Conforme a Tsevreni (2011, 54).

una experiencia de comunión con la creación. Un sentimiento inmenso y profundo de unidad con lo creado me cautivó. Un bienestar y una alegría inmensa lo inundaban todo. Lo natural y lo humano perdieron sus barreras y se fundieron. No sé cuánto duró exactamente, perdí la noción del tiempo, estuve habitando en el destiempo...

Si no hubiera experimentado una SLE, posiblemente hubiera sido complicado que hubiera creído en su gran poder sensibilizador y transformador en la persona. Pero una vez experimentada, uno no puede dejar de pensar en ella. En cierta forma se es consciente de que ha sido una llamada íntima y personal, una petición transformadora que pone de manifiesto las posibilidades a las que apunta. La experiencia supuso un antes y un después en mi vida. Como un inicio de un camino irrenunciable. La experiencia me proporcionó una gran clarividencia de la gran sensibilización obtenida para abordar los retos y dificultades que presenta nuestro mundo en cuestiones ambientales, y me mostró su gran capacidad para afianzar valores y comportamientos proambientales en las personas.

Dos años después de esta experiencia, en 2015, el papa Francisco publicó la encíclica *Laudato si'*. Pronto se advirtió su importancia para explicar y dar sentido a las relaciones entre la persona y la naturaleza y también para diagnosticar los principales daños que amenazan esta intrínseca e imbricada relación. A modo de definitivo tratado de Ecología Profunda, de Ecología Profunda y espiritual, la encíclica permitía dar sentido a las SLE, y a muchas otras posibilidades que nos presentan vías para avanzar en el entendimiento profundo que las personas tenemos que tener con nuestra compañera de viaje, con la naturaleza, con la creación.

Era inevitable relacionar las SLE con las propuestas de la encíclica y de la llamada Ecología Profunda y conectarlas en forma de encuentros, epifanías y teofanías. También era inevitable investigar en la comunidad científica las SLE para estudiar su conceptualización y utilidad. La bibliografía encontrada no era demasiado extensa y casi de manera generalizada no contemplaba un existente, quizás intencionadamente escondido, componente espiritual. Este libro pretende avanzar en el conocimiento de este tipo de experiencias y sus posibilidades, en la promoción y conocimiento de las Experiencias Significativas de Vida (SLE) como estrategia para fomentar y ayudar a descubrir la Ecología Profunda.

I

A la búsqueda del vínculo persona-naturaleza

El hombre no es un ovni venido de una lejana galaxia. El hombre es un poema tejido con la niebla del amanecer, con el color de las flores, con el aullido del lobo y el rugido del león.

Félix Rodríguez de la Fuente

Los seres humanos y la naturaleza no son entidades separadas. Desde el comienzo de su existencia las personas establecen un vínculo específico con el mundo físico y biológico, con la naturaleza, estableciendo un "caminar juntos". Por poner un ejemplo, esto sucede ya desde nuestra primera respiración, donde queda patente el vínculo de la persona con la atmósfera. Aunque la comprensión más superficial de esta unión resulta bastante evidente, al menos en sus resultados prácticos, no es fácil discernirla en toda su profundidad conceptual[1], hasta llegar a un plano ontogénico. Dicho de manera más simple, la frase "no soy yo, sino que yo soy yo con mi medio ambiente" puede resumir esta idea y revelar un conocimiento de que no solo coexisto, sino que también existo con un "mundo más que humano"[2], con sus elementos tanto vivos como no vivos, inanimados que me conforman. Desde el principio, este vínculo implica un conjunto de comunicaciones continuas entre cada persona consigo misma y con su entorno[3]; por lo tanto, es

1. Bai, 2013.
2. Abram 1997, 101.
3. Whitman 1981, 136.

muy difícil abstraerse o renunciar conscientemente a la respuesta generada por las demandas de este vínculo. Se conforma así una necesaria actividad relacional constante y recíproca. A menudo pasado por alto, por inconsciente, este vínculo actúa de manera clara y recurrente: por ejemplo, en la experiencia de respirar y estar "inmerso en el mundo"[4]. Sin embargo, la consciencia y valoración de este vínculo, estar vívidamente despiertos al mundo[5], determina la forma en que nos entendemos a nosotros mismos y nos comprendemos en nuestro mundo a través del entorno, que no deja de ser nuestro gran cordón umbilical, atento a todas nuestras necesidades. A veces se entiende sólo como un vínculo plenamente utilitario y exclusivamente materialista. Cuando a este vínculo se le limita de esa manera generalmente conlleva comportamientos que causan daño ambiental. Pero este cordón umbilical es mucho más potente y complejo. El mundo es mucho más que una mercancía, porque puede dar respuesta al resto de necesidades humanas, muchas de ellas intangibles, entre ellas las espirituales.

Hay muchas causas de esta negligencia, entre la división del "yo" moderno y la naturaleza, que incluyen la pérdida del sentido de comunión material[6] y espiritual[7], así como la pérdida de experiencias directas con la naturaleza[8]. Estas experiencias pueden ayudar a entender el vínculo de una manera más integral como una relación de unión, cuidado y necesidad mutua, de sinergia necesaria, que abocan hacia una creciente sensibilidad ambiental. Además, este sentido de pertenencia incluye una visión intrínseca

4. Abram 1997, 45, 204.
5. Idem, 223.
6. Flowers et al. 2014.
7. Mallarach 2008.
8. Boeckel 2015.

y global de lo ambiental-social. Sí, una comunión entre lo natural y lo social, que no deben ser separados, donde las esferas "biofísicas y socioculturales se entremezclan, unidas por una película de cemento psicológico"[9]. Comprender la extensión y complejidad holística de esta conexión puede llevar al desarrollo de valores humano-ambientales[10] de una manera determinante, que pueden activar comportamientos apropiados en términos de cuidado y conservación, que produzcan la adecuada coexistencia de la persona con su entorno. El vínculo con la naturaleza está condicionado por su percepción y, por lo tanto, por la capacidad que tenemos para observarla, contemplarla, descubrirla, interpretarla y entenderla utilizando un enfoque ecológico de la percepción[11] que puede facilitar el concepto de *affect*, de sentirse afectado por la naturaleza[12] a través de experiencias como pueden ser las llamadas Experiencias de Vida Significativas.

Después de esta visión cercana a lo antropológico de la relación de la persona con la naturaleza, o mejor dicho con su naturaleza, parece necesario continuar exponiendo una disciplina que trata de contribuir la buena relación, reconocimiento y sensibilización hacia ese vínculo. Se trata de la Educación Ambiental (EA). Esta disciplina trata de dar una respuesta educativa a la llamada "crisis ambiental"[13]. Aunque la EA ya se menciona de forma puntual en la conferencia de la UICN celebrada en París en 1948[14], no es hasta los años 1970 cuando se acepta su definición, objetivos, características y estrategias, sobre todo a partir de

---

9. Ingold 2000, 3.
10. Caduto 1992.
11. Ingold 1987, 3.
12. Massumi 2002; Riley & White, 2020.
13. De Blas, Herrero y Pardo, 8.
14. Palmer, 19.

la Conferencias de Estocolmo celebrada en 1972[15] y de Tbilisi[16] en 1977. Aunque la Educación Ambiental es relativamente joven, en sus ya más de cincuenta años de recorrido, se han desarrollado numerosos planes, estrategias y programas con diversas acciones destinadas a restaurar una adecuada relación persona-naturaleza, que permita superar esta crisis ambiental que sufre la humanidad y el planeta, abordando los principales problemas ambientales que amenazan al equilibrio ecosistémico planetario, focalizando tanto en el nivel local como en el global. Se podría considerar esta problemática del "Daño" causado por la humanidad como la causa principal de la génesis de la educación ambiental. Se ha procurado así durante estos años alcanzar las intenciones para las que nació[17]. Pero la realidad, quizás por constituir un dinámico e inmensamente complejo campo de estudio, interpretación[18] y acción, es que la dificultad del cumplimiento de sus objetivos resulta evidente[19-20].

En la actualidad la situación del medio natural en el planeta es muy diferente a la pretendida por la EA, quizás porque "no hay respuestas definitivas ni consejos infalibles"[21]. La realidad es que los problemas ambientales no decaen, sino que se extienden y agravan. Son varios los peligros que continúan amenazando los complejos procesos biológicos existentes en nuestro planeta: el sistema económico neoliberal global, donde "la racionalidad ambiental enfrenta a las estrategias fatales de la globalización"[22], el

15. Calvo y Gutiérrez, 26.
16. UNESCO-PNUMA.
17. UNEP.
18. Palmer, 8.
19. Gigliotti.
20. CENEAM, 9.
21. Palmer, 8 (traducción propia).
22. Leff.

pensamiento único, el individualismo, la falta de participación en la comunidad, la pérdida de valores de las sociedades, la pérdida de biodiversidad y de diversidad humana[23], el derroche de materias primas y energía, la contaminación creciente e invasora. La acuciante dimensión actual de los antiguos y la aparición de nuevos problemas ambientales, como el cambio climático, nos sitúa en un escenario todavía preocupante que genera una percepción de inmovilidad o incluso retroceso en la consecución de los objetivos pretendidos por esta disciplina y que alientan una sensación de impotencia y catastrofismo en las personas. Esta realidad invita a preguntarnos: ¿ha servido para algo todo el trabajo desempeñado durante estos años, todo este esfuerzo, realizado por tantas y tantas personas y comunidades? ¿De verdad se están cumpliendo los objetivos de la EA?; ¿son potentes y duraderas las sensibilizaciones ambientales que producen sus programas?; ¿se producen cambios de comportamientos y nuevos hábitos ambientalmente adecuados?; ¿se afianzan valores proambientales en las personas?; ¿se comprende e interioriza el significado y la importancia del indisoluble vínculo entre la persona y su naturaleza?

A pesar de las numerosas acciones proambientales desarrolladas[24], la alarma ecológica continúa activa, poniendo de manifiesto las dificultades que ya se adelantaba en el modelo de desarrollo ecológicamente sustentable[25]. La realidad actual es que el mundo avanza inexorablemente en una dirección destructiva; avanza hacia una globalización consumista, donde la cultura del descarte[26] impera a sus anchas, con un crecimiento que parece no encontrar

---

23. Novo, 2006, 19.
24. Kollmuss & Agyeman.
25. Redclift.
26. Santa Sede, *Carta Encíclica* Laudato si' *del Santo Padre Francisco sobre el cuidado de la casa común.*

sus límites[27]; avanza hacia una polarización urbana desmesurada, hacia un abandono de los agrosistemas tradicionales; camina hacia una pérdida de los valores de diversidad biológica y cultural[28]; incide progresivamente en una deshumanización creciente de lo natural y de lo humano, que se reducen meramente a su papel como mercancía y como consumidor, en una insana relación global persona-medio ambiente[29], que conlleva un deterioro constante y progresivo del medio natural y, lo que es peor, un continuo deterioro del vínculo persona-naturaleza.

El escenario actual de una sociedad tremendamente globalizada y cambiante, donde el "YO"[30] cobra un protagonismo exagerado, un yo desconectado, sin brújula, sin valores, esclavo de sus caprichos (que en realidad no son suyos, sino generados por una sociedad superconsumista y superabundante en la que la persona sólo es valorada en función de su capacidad de consumo), hace que el vínculo persona-naturaleza esté tan deteriorado que apenas es percibido, envuelto por una gruesa capa de inconsciencia, incoherencia y daño, lo que contribuye a perpetuar la crisis ambiental. Y este divorcio entre el Yo y su medio ambiente, con su mundo natural, con su vida es lo que posibilita el pensamiento hacia lo absurdo[31] de la existencia humana, el sentimiento de no tener un anclaje con nada del mundo real, de no encontrar un propósito en la vida más allá del puro hedonismo que genera tanto vacío y desorientación en las personas. Y es que la humanidad también segrega inhumanidad[32]. Y es que si la humanidad reconociera que

27. Meadows, Randers & Behrens.
28. Novo, 2006, 19.
29. Riechmann.
30. Han, 2016.
31. Camus, 1996.
32. Idem, 1996, 27.

también el universo puede amar y sufrir, se reconciliaría[33] de ese inútil divorcio.

El deterioro del vínculo entre la persona y la naturaleza (nunca puede desaparecer el vínculo, no puede haber una ruptura, ni siquiera tras la muerte) causa "Daño". Se ha denigrado la relación. Se ha ninguneado, rebajado, utilizado hasta la saciedad. La persona ha prostituido a la naturaleza. El proceso de Daño desemboca en la deshumanización. Una pérdida de consciencia, de valores humanos y naturales, un derivar por el mundo a bandazos, sin encontrar un núcleo, un centro. No existe un fin, solo existe una sobreestimulación tecnocrática en la que nos distraemos. Y así transcurre nuestra vida. Como si eso fuera suficiente. Como si ese fuera el propósito de nuestra existencia. Víctimas de nuestro propio engaño, hemos construido un pedestal, un altar hedonista donde adorar a nuestra persona, a nuestro YO endiosado. Se ha desatado un afecto mal enfocado, exacerbado, inconstante, magnificando la cultura del tener y despreciando la cultura del ser. Como si eso fuera suficiente. Esta criatura auspiciada se ha incubado largos años hasta dar a luz un relativismo dañino y peligroso. De él se ha deshilachado una rutina que no nos avanza, una rutina sin metas, un plan de vida sin Vida, donde el jinete de la Depresión cabalga a sus anchas[34] porque el tener todo no nos da la felicidad, es más, nos dificulta usar el corazón, nos impide el llegar a ser, el *devenir* esperado de nuestro desarrollo. La humanidad cree que la naturaleza es un juguete y como un niño malcriado, egoísta e insensato, la ha dañado. Por dañar, ha dañado hasta el Tiempo, con una sobrestimulación y compartimentación que nos dificulta permanecer en el presente[35] de forma consciente. Se ha creado la

33. Idem, 1996, 30.
34. Berardi, 2019, 36.
35. Han, 2016.

ansiedad por el futuro, que impide vivir plenamente el presente, que es lo único que existe.

En medio de este mundo neoliberal globalizado, que devora lo natural y descarta lo rural, incoherente y soberbio; este necroimperio de cultura del descarte con un futuro no solo incierto, sino marcado por una interesada normalidad de ficticia realidad virtual; este mundo hipercomplejo que ya dura demasiado, que ni Atlas quiere ya sostener; en este mundo donde las ideologías se anteponen a las personas; en este mundo de deshumanizada miseria moral aparece una ínfima abertura, un resquicio donde se cuela un rayo de esperanza que ilumina un pequeño manantial de cordura, origen de eterna naturaleza, siempre en su sitio, fiel a sus leyes y a su forma de ser. Aparece un designio, una voluntad ajena, un mensaje superior, una llamada, un misterio revelado, un toque de atención que el Amor ha tenido a bien donar. Un soplo de sabiduría que invade el alma y hace consciente lo que hasta ese momento estaba dormido e inconsciente. Por supuesto, nos estamos refiriendo a la llamada *Experiencia Significativa de Vida* (SLE). ¿De qué naturaleza es esta experiencia? Desde luego no es humana; uno se ve superado. Puede ser inconsciente o incluso cerrar los ojos a la verdad, pero sabe que algo de una naturaleza diferente y superior le ha venido. Algo diáfano, un mensaje inmaterial que se graba a fuego en el corazón para toda la vida. Ya no hay vuelta atrás. Ha ocurrido. Nada será ya como antes. El cambio se ha producido. La SLE ha ocurrido.

La promoción de las SLE se configura como una estrategia absolutamente necesaria para la EA porque estas experiencias son capaces de restaurar y poner de manifiesto con gran vehemencia el vínculo con lo natural, como se muestra en el siguiente capítulo, donde se trata de conceptualizar, en la medida de lo posible, estas experiencias. Es esta sensibilización potente y duradera la que puede ayudar a restaurar una adecuada relación persona-creación que ayude a revertir la crisis ambiental y alcanzar una armonía en este caminar juntos perpetuo que la humanidad, inevitablemente, realiza con la naturaleza, mejor dicho, con la creación[36].

36. La palabra creación conlleva un componente espiritual que la palabra naturaleza no incluye. Por eso en este libro se utilizará la palabra creación para designar a la naturaleza, ya que considera su dimensión espiritual. En este sentido, cabe destacar que en la mayoría de las lenguas de mundo solo existe una palabra para designar la creación, incluyendo el componente espiritual. Es decir, no existe una palabra como naturaleza que no incluye esta dimensión espiritual (Mallarach, 2008).

II

Experiencias significativas de vida (SLE) como experiencias que tocan el alma

> Porque habiendo mirado los objetos del universo, encuentro que no hay ninguno, ni parte alguna de ellos, que no tengan referencia al alma.
>
> *Walt Whitman*

La experiencia como relación entre el "Yo" y el "Mundo exterior"

Desde el mismo momento de nuestro nacimiento nuestra vida está llena de experiencias[1]. Pero no todas tienen el mismo poder sensibilizador ni todas producen cambios de comportamientos, incluso transformaciones potentes. Unas las recordamos más y otras menos. Unas las evocamos asociadas a una fuerte emoción o sentimiento, otras nos recuerdan diversos contenidos que aprendimos. Estas experiencias son variadas, y se generan como resultado de la interacción de nuestro yo, subjetivo, con el mundo que existe fuera de nosotros, con la creación, con el mundo objetivo. El grado de significatividad que otorgamos a las experiencias que vivimos, tamizadas por nuestro filtro subjetivo, depende de los elementos que intervienen en la interacción producida, de su categoría, emotividad y de su grado de intensidad. Entre los tipos de experiencias, las *Experiencias Significativas de Vida* (SLE) se encuentran en

---

1. Se va a evitar aquí entrar en la disyuntiva entre *vivencia* y *experiencia*, aglutinando en el término *experiencia* el componente subjetivo, emocional, sentimental y de aprendizaje.

la cima de la significatividad, ya que se refieren a las experiencias que probablemente perdurarán toda nuestra vida y que constituyen un punto de inflexión, un punto de cambio o de no retorno, un momento transformativo en el que se nos revela algo, ocurre algo, que va a provocar importantes cambios en nuestra vida, en el presente o en el futuro.

Las SLE han sido descritas en la literatura científica por autores como Tanner o Chawla[2]. Parte de su importancia radica en que quienes las experimentan pueden desarrollar profundos intereses, preocupaciones y acciones proambientales a lo largo de toda su vida. Este tipo de sensibilización supera los objetivos que pueden alcanzar muchos programas de Educación Ambiental, por la duración del aprendizaje que comporta, la globalidad de su alcance, y por la magnitud de las decisiones y consecuencias comportamentales que de ellas se derivan. En definitiva, pueden dirigir a las personas hacia compromisos ambientales exigentes. Tanner[3], consciente de sus posibilidades para la Educación Ambiental, recomienda profundizar en el estudio de las SLE. Propone que se conozcan sus procesos para poder favorecerlos y sugiere para ello la importancia del estudio de las SLE que hayan podido experimentar informados y responsables activistas ambientales.

¿Pero qué es una SLE? No es fácil de definir ni de conceptualizar. A esta dificultad se añade que desconocemos su modo de origen y, por lo tanto, sabemos que no pueden provocarse o reproducirse a voluntad. Aun y todo, se hace necesario avanzar en la comprensión de sus mecanismos de acción, sus características y los efectos sensibilizadores que producen en las personas que las han experimentado. Este libro pretende avanzar en este propósito. Para ello se ha hecho necesario realizar inicialmente un estudio de

2. Tanner, 1980; Chawla, 1998, 1999, 2001.
3. Tanner, 1980, 20-21.

la bibliografía científica en lo que se refiere a las SLE y sus características. En segundo lugar se han estudiado SLE experimentadas por autores conocidos. Por último, se han estudiado SLE en personas del entorno próximo del autor. Es fácil intuir que no ha sido ésta una tarea fácil, aunque sí ha resultado altamente gratificante.

Una primera característica es que generalmente (es importante decir aquí que se tratará siempre de generalidades, porque en muchas ocasiones habrá excepciones) las SLE son desencadenadas por un elemento o varios del medio natural. Otra característica es que suceden de un modo inesperado y repentino. De hecho, en la revisión bibliográfica las SLE pueden ser denominadas también como "epifanías ambientales"[4], aludiendo a una manifestación repentina. Las autoras Vining y Merrick las definen como: "Una experiencia en la que la percepción de una persona sobre el significado esencial de su relación con la naturaleza se alcanza de una manera significativa". Por su parte, Williams y Harvey[5], se refieren a ellas como "experiencias trascendentes", adelantando su marcado carácter espiritual. En estas experiencias, a través del mundo natural, la inmanencia de las cosas, se permite acceder al mundo espiritual, a la trascendencia. Es por eso que pueden ser consideradas como estrategias de la llamada Ecología Profunda, dedicada a sensibilizar sobre el vínculo persona-naturaleza y las experiencias interiores que puede proporcionar la creación. Resumiendo, se podría decir de manera general que las SLE se configuran como experiencias muy potentes que se presentan características interesantísimas como[6]:

- ocurren de modo inesperado y repentino,

4. Vining & Merrick, 2012, 485.
5. Williams & Harvey, 2001, 249.
6. Basados en Williams & Harvey, 2001.

- fuertes sentimientos positivos de bienestar, alegría, paz, amor y libertad,
- un momento de felicidad extrema,
- sentimiento de sobrepasar los límites de la vida rutinaria,
- sentimiento de armonía y unión con el universo o con una entidad superior,
- momento absorbente con ensimismamiento o pérdida de autoconciencia y que se siente importante,
- pérdida del sentido del tiempo,
- sentimiento de comunión y continuidad con la naturaleza,
- satisfacción intrínseca,
- compromiso.

Este tipo de experiencias producen en las personas una respuesta con un gran nivel de intensidad, acaso un estado emocional y espiritual[7] de una potencia inusitada, raramente experimentada y por ello largamente recordada[8], quizá inolvidable, ya que estas experiencias pueden quedar "grabadas a fuego en el corazón para toda la vida"[9]. Experiencias que sensibilizan significativamente y para toda la vida, eso son las SLE.

Cabe decir que las SLE, consideradas como epifanías ambientales son "acontecimientos comunes"[10], no en el sentido de que sean cotidianas en la vida de una persona, sino en el de que muchas personas las reconocen en algún momento de sus vidas: "[…] es obvio que mucha gente ha experimentado epifanías y que estas experiencias han cambiado sus vidas de muchas maneras significativas". Por estas posibilidades conviene profundizar en su estu-

---

7. Hawks 1994, 4.
8. Vining & Merrick 2012, 497.
9. Esta expresión aparece en algunas entrevistas a personas que han experimentado una epifanía ambiental realizadas por el autor.
10. Vining & Merrick 2012, 497.

dio para potenciar la comprensión del vínculo persona-naturaleza. Sin embargo resulta paradójico que raramente son estudiadas y mencionadas en la bibliografía educativa ambiental[11], tal vez por adentrarse en ámbitos "emocionales" o "espirituales" difíciles de racionalizar y de tratar bajo el paraguas del método científico. Al ámbito emocional que interviene en las SLE se refieren, por ejemplo, Kollmuss y Agyeman[12] al destacar que esta relevante conexión emocional parece ser muy importante en los procesos de cambio de nuestras creencias, valores y actitudes hacia el medio ambiente, así como en el aumento de la motivación hacia la adquisición de compromisos[13]. Por eso es importante promoverlas, por sus enormes posibilidades para avanzar en la restauración del mencionado vínculo persona-naturaleza.

En cuanto a sus diferentes tipologías, Vining and Merrick[14] identificaron cinco tipos de epifanías ambientales:

- Estética: una epifanía caracterizada por una descripción vívida y asombrada de un lugar en el que un participante ha reconocido la belleza y el valor estético de la naturaleza y los lugares naturales. En esta epifanía, las emociones positivas juegan un papel central.

- Intelectual: una epifanía en la que la persona ha sido expuesta a nueva información que le ha permitido ajustar la forma en que ve la naturaleza y su relación con ella.

- Realización: una epifanía caracterizada por la realización de un concepto al que los participantes fueron expuestos, incluyendo historias que describen una nueva conciencia, una conciencia de una opción diferente, un

---

11. Hawks 1994.
12. Kollmuss & Agyeman, 2002.
13. Baca-Motes et al., 2013.
14. Vining and Merrick, 2012, 497.

cambio de perspectiva y la superación de los desafíos de la naturaleza.

- Despertar: una epifanía caracterizada por una sensación de despertar, claridad, nueva viveza, un cambio de conciencia, una conciencia de cómo deberían ser las cosas, y la naturaleza como terapéutica y restauradora. Esta experiencia se define como transformadora, afirmativa de la vida o un punto de inflexión.

- Conexión: una epifanía caracterizada por una sensación de inmensa conexión, incluyendo la descripción del yo como parte de algo, una unificación o conexión con un todo o entidad más grande, interconexión y una conexión universal.

Como puede apreciarse, los intentos de categorización de estas experiencias son convenientes en aras a su estudio, pero a su vez la categorización de estas autoras puede presentar limitaciones, por no agotar el tema, que al remitirse como experiencial no siempre tiene cabida en el molde de una tipología. Además, aunque estas categorías pueden parecer estancas, en realidad no lo son. Probablemente estas tipologías pueden interrelacionarse entre ellas y pertenecer a varias categorías a la vez. Por ejemplo una SLE calificada como estética puede provocar un despertar y una conexión, con lo que se imbrica con otras categorías. El impacto de las experiencias ambientales está diagnosticado como una de las causas del incremento de los comportamientos proambientales[15], así que la promoción de las SLE no es un asunto menor, ya que tienen un alto impacto en la mejora ambiental.

15. Scott, 2002.

Educación Ambiental e inteligencia ecoespiritual

La Educación Ambiental propone el desarrollo integral de las personas, y lo hace atendiendo al carácter holístico e interdisciplinario que presenta la realidad. Así, la EA intenta combatir la visión reduccionista que considera el universo como una colección de objetos, una *mercancía que nos pertenece*[16], en lugar de como una comunión material[17] con posibles puertas hacia lo espiritual. Las consecuencias de esta visión no son inocuas, sino que producen graves problemas ambientales. Esta visión propone una ética en la relación con la Tierra. En el desarrollo de esta ética, la dimensión *espiritual* tan ninguneada en las últimas décadas por occidente, juega un papel que puede ser decisivo. Todas las grandes tradiciones espirituales de la humanidad han señalado, de maneras distintas la Unidad de la que venimos y la Unidad que anhelamos[18]. También han señalado la intención de que lo divino está revelado a través de todo el mundo natural[19]. De estas visiones espirituales fluye una ética de relación con la Creación; por ejemplo, con el Sabbath judeocristiano que proporciona un fundamento teológico y ético[20] o la ética de la "casa común" propuesta por *Laudato si*[21] u otras como la espiritualidad celta[22].

No son pocos los autores que consideran la espiritualidad como parte fundamental de la persona. Incluso se habla de una inteligencia espiritual o trascendente de las personas[23]. La Edu-

16. Leopold, 1966, Prólogo X.
17. Flowers, Lipsett & Barrett, 2014.
18. Newell, 2008, p. 11.
19. Berry &Clarke, 1991, 3.
20. Browning, 2014.
21. Santa Sede, 2015.
22. Newell, 2008, p. 11.
23. Gardner, 2010; Castro, 2012.

cación Ambiental, a pesar de su concepción interdisciplinar, y de educación integral en todas las esferas de la persona, no siempre pretende ni consigue incorporar esta dimensión "espiritual" en sus líneas de trabajo, lo que podríamos llamar como una ecospiritualidad[24] o una inteligencia ecoespiritual[25]. Sin embargo, la mayoría de programas de educación ambiental no contemplan o apartan esta dimensión de la persona, quizás tratando de evitar posibles conflictos o malas interpretaciones o cuestiones consideradas inexplicablemente como políticamente incorrectas, súbditas de algunas ideologías. Sin embargo, es clara la existencia de esta dimensión en las personas, como así se demuestra analizando la cultura de la mayoría de las civilizaciones pasadas y presentes (por ejemplo al estudiar su cosmovisión y su mitología). El reconocimiento de la existencia de la inteligencia espiritual permite dar un paso en esa dirección. Wolman[26] la define como: "*la capacidad humana de hacer preguntas fundamentales sobre el significado de la vida y, al mismo tiempo, experimentar la conexión fluida entre cada uno de nosotros y el mundo en el que vivimos*". Esta formulación puede ser de interés para la Educación Ambiental. Como expone Hedlund-de Witt[27] el encuentro entre espiritualidad y naturaleza es de importancia creciente para el desarrollo sostenible. La inteligencia espiritual busca una comprensión de nuestro mundo que responda las preguntas sobre su sentido, en ocasiones trascendentes, que afloran a través de un contacto con él, o de su estudio y contemplación[28]. Facilita una comprensión integrada de los problemas ambientales y de nuestro lugar en la naturaleza. El medio

24. Beringer, 1999.
25. Echarri & Echarri, 2021.
26. Wolman, 2001, 1.
27. Hedlund-de Witt, 2013.
28. Puig et al., 2014.

ambiente puede proporcionar bienestar y beneficios personales[29] relacionados con la inteligencia espiritual. Y puede ésta jugar un papel destacado en su conservación, ya que entre las causas que explican el deterioro del entorno se encuentra la desvalorización espiritual del medio ambiente[30].

Una EA que desarrolle también el aspecto espiritual de las personas (entendido como se ha presentado más arriba) se considera una interesante vía a explorar para conocer y valorar más profundamente la relación persona-naturaleza, incluyendo también aspectos éticos y morales: Como apunta Leopold: *"[...] que la tierra debe ser amada y respetada es una extensión de la ética"*. Debería ser algo muy obvio, que esta ética guiase nuestro comportamiento moral en nuestra relación con la Tierra, pero conocemos de primera mano que no siempre es así. Si miramos a nuestro planeta de manera global o local, rápidamente somos conscientes del daño que hemos y estamos causando y de que no estamos siendo éticos con la tierra, quizás por una clara falta de inteligencia espiritual ecológica.

La inteligencia ecoespiritual puede ayudar a elevar la conciencia ambiental de las personas de manera poderosa y duradera, favoreciendo la adquisición de profundos compromisos ambientales. Estas experiencias y aventuras, con un componente espiritual, pueden proporcionar un cambio cualitativo que avance la EA en el logro de sus objetivos conservacionistas y humanos. La inteligencia ecoespiritual también puede influir en la comprensión y experiencia del vínculo persona-naturaleza. Diseñar programas específicos de EA con acciones concretas, crear equipamientos como centros de meditación ambiental o centros de espiritualidad ecológica que favorezcan la contemplación de la naturaleza, reno-

---

29. Keniger et al., 2013.
30. Mallarach 2008, 13.

vando nuestro sentido de asombro ante la belleza y la continua
maravilla que la naturaleza nos presenta en cada momento, puede
poner de manifiesto nuestro vínculo con lo natural y favorecer la
valoración y conservación de nuestro querido entorno.

Posiblemente la Educación Ambiental, en sus años de recorrido hasta nuestros días se ha centrado más en fomentar la inteligencia natural, entendida como la inteligencia que opera en
nuestra relación con el entorno natural, pero se ha olvidado de la
inteligencia ecoespiritual. Se ha centrado mucho en lo cognitivo
y muy poco en otras formas de conocer. En general se ha olvidado focalizar también en la inteligencia espiritual o trascendente.
Aunque podemos pensar que el concepto de inteligencia espiritual
y el de inteligencia natural son actuales, teniendo en cuenta que
han sido conceptualizados recientemente dentro de la teoría de las
inteligencias múltiples de Gardner (2010), debemos decir que han
existido como tales durante mucho tiempo. De hecho, san Pablo
ya nos habla de la inteligencia espiritual en la Biblia[31]. En cuanto
a la inteligencia natural, Thoreau, en Walden, se refiere a ella, a
su manera, ya en 1854, planteándose esta pregunta: *"¿No tendré
inteligencia con la Tierra?"*[32] Ambas inteligencias pueden converger en la inteligencia ecoespiritual, en referencia a la inteligencia
espiritual cuando se desarrolla a través de elementos, entidades
o cuestiones ambientales. En cierta manera, combina las inteligencias trascendental y natural propuestas por Gardner (2010) y
las relaciona. Esta inteligencia, que podríamos denominar como
ecoespiritualidad, es de gran interés para la EA porque puede generar motivaciones que surjan de la espiritualidad para fomentar
el cuidado·del mundo.

---

31. Carta a los Colosenses (1, 9-14).
32. Thoreau, 2004, p. 138.

Por eso, la inteligencia ecoespiritual y la conservación de la naturaleza deben ir de la mano, como ya nos presenta Mallarach[33] en sus estudios. Los valores espirituales son un factor de protección ambiental en muchos casos determinante. En este sentido, hay que superar el discurso fácil de que todos los males vienen de la religión y todas las soluciones de la razón. Es una falacia. De hecho, si lo pensamos bien, no nos va nada bien así. Utilizamos quizás demasiado la cabeza y muy poco el corazón. La inteligencia ecoespiritual puede permitir tomar decisiones más sostenibles desde el punto de vista ambiental, social, económico y cultural. Puede generar un cambio en nuestros estilos de vida y patrones de producción y consumo, proponiendo un modelo de desarrollo que *"presupone el pleno respeto por el ser humano, pero también presta atención al mundo natural..."*[34]. Tenemos que descubrir otros significados del entorno natural. El desafío es conocer muchos otros mensajes que la naturaleza puede transmitir, como los apreciados por Hesse en su libro *El caminante*: *"murmullos de arbustos, susurros de árboles [...] Los árboles me han dado siempre los sermones más profundos"*[35]. Algunos de ellos podemos intuir y conocer, mientras que otros ciertamente no son tan fáciles de captar. Aquí es donde debemos poner en juego nuestra inteligencia ecoespiritual, para descubrir los misterios que contiene, sus más ocultos otros significados y las otras propiedades de lo natural que trascienden lo aparente.

33. Mallarach, 2008.
34. Santa Sede, 2015, n. 5.
35. Hesse, 2012, 56, 59.

Ecoespiritualidad y SLE

En lo que se refiere a la relación de las SLE con la dimensión espiritual de la persona, con su ecoespiritualidad, autores como Keniger *et al.*[36] reconocen la escasez de estudios relacionados con el binomio naturaleza-espiritualidad (alrededor de un 5% del total de estudios realizados sobre naturaleza), a pesar de no ser pocos los que consideran la espiritualidad como parte fundamental de la persona y de la importancia de los valores espirituales para la conservación de la naturaleza[37]. Debido a la importancia de esta dimensión, los hay que estudian las SLE desde la perspectiva de la inteligencia espiritual o trascendente[38], dándoles la categoría de epifanías o teofanías. De hecho, Keniger *et al.*[39] postulan que "las experiencias en la naturaleza son una oportunidad para el crecimiento espiritual".

En definitiva, las SLE se conforman como experiencias de una potencia inusitada que pueden ayudar a revertir la perniciosa situación planetaria, a través de la generación de una clarificadora consciencia individual. *Significado, felicidad, libertad,* a *sentimiento de unión* o *sentimiento de No-tiempo, absorción en el momento,* una *experiencia inolvidable, cambio de vida*: todas estas expresiones indican la dificultad de categorizar el vasto listado de posibles significados, manifestaciones y experiencias atribuibles a la espiritualidad.

Merece especial atención el sentimiento de No-tiempo, de habitar en otro estado temporal, que hace desaparecer al *kronos* para establecer un *kairos.* Se produce una anulación espacio-temporal.

36. Keniger *et al.*, 2013.
37. Mallarach, 2008.
38. Gardner 2010; Castro 2012.
39. Keniger *et al.*, 2013.

Es el momento de Presente continuo, una instantaneidad perpetua. Un momento en el que Dios desarbola el tiempo corriente y permite vivenciar lo trascendente. De particular relevancia es el impacto obvio de las experiencias espirituales como SLE. Estas incluirían, entre otros, aspectos como[40]:

- sentir un sentido de asombro, maravilla y misterio;
- ser inspirado por el mundo natural o los logros humanos;
- experimentar sentimientos de trascendencia, sentimientos que pueden dar lugar a una creencia en un ser divino;
- experimentar la creencia de que los recursos internos de uno proporcionan la capacidad de elevarse por encima de las experiencias cotidianas;
- reflexionar sobre los orígenes y el propósito de la vida;
- responder a experiencias desafiantes de la vida como el sufrimiento y la muerte;
- desarrollar un sentido de comunidad, que implique el reconocimiento y la valoración de la dignidad de cada ser humano y de las relaciones;
- ejercer la imaginación, la inspiración y la intuición;
- desarrollar sentimientos y percepciones, ser conmovido por la belleza, dolido por la injusticia o la agresión, y así sucesivamente;
- sentimiento de un amor universal que conlleva un alto grado de bienestar y alegría.

Estas experiencias van a hacernos conscientes, a veces por primera vez, reafirmar o acrecentar nuestra inteligencia espiritual. Cabe destacar aquí la potencialidad de estas experiencias para avanzar así en los objetivos de la Educación Ambiental, ya que pueden responder a la necesidad que Palmer[41] diagnostica con las

40. Basado en NCC, 1993.
41. Palmer, 1998, 240.

limitaciones de los habituales programas de Educación Ambiental, sobre todo en la duración de la sensibilización a largo plazo:

> *"Como hemos visto, los resultados de la investigación muestran que, incluso donde existen programas exitosos de educación ambiental, su impacto en el pensamiento y la acción a largo plazo no es tan grande como el de otras experiencias significativas e influencias formativas en la vida de un individuo".*

Las SLE pueden afectar de forma muy potente y a largo plazo, ya que actúan poderosamente sobre la esfera física, emocional, intelectual y espiritual de la persona. Pueden provocar de forma muy intensa una apertura de mente, una empatía, un sentimiento de unión y de pertenencia, proporcionando una experiencia inmersiva de conciencia plena de estar en el mundo[42] de coexistencia y continuidad con el mundo. Pueden hacer comprender el vínculo con lo natural de una manera integral, en una relación de unión, cuidado, mutua interconexión y necesidad, aumentando extraordinariamente la sensibilidad ambiental.

Algo destacable en las SLE es que estas experiencias pueden abrirnos hacia lo inmaterial, hacia la Bondad, a la Verdad y a la Belleza, a la Libertad, a la Justicia, al Amor, de forma a veces ecléctica. Incluyen un fugaz pero intenso baño de emociones positivas. Pueden provocar cambios duraderos en nuestros comportamientos. Pueden abrirnos a lo trascendente, a lo espiritual y a lo religioso. Nos centran, nos rehumanizan. Cuando estamos perdidos, sin rumbo, nos ponen de nuevo en el centro del "Camino". Cuando estamos desalentados nos motivan y activan. Y todo eso en un instante. Un instante "eterno", ya que contienen una absorción del tiempo. Nos renueva de nuevo el asombro. Recupera ese asombro

---

42. Abram, 1997, 45, 204.

infantil que por fuerza de costumbre hemos perdido. Nos centra de las múltiples distracciones que nos imponen y nos imponemos rutinariamente, la mayoría basadas en el pasado o en el futuro. Nos hace conscientes de que el presente, que es el único que puede hacernos felices, no contiene el futuro, al menos en forma consecuencial. Maslow[43] califica estas experiencias como *peak experiences* e incluyen bienestar, felicidad, gratitud hacia la Vida, una reconciliación interior, una intuición que nos revela el significado y propósito de nuestra vida. Maslow habla de una necesidad humana de trascendencia o necesidad de experimentar un estado expandido de conciencia, más allá de la identificación habitual con el yo. La describió como una necesidad de experimentar la unidad fundamental de la Vida Universal, sentirse uno con el todo[44].

Por su parte, Csiszentmihalyi[45] describe estas experiencias como *optimal experiences*, que conllevan lo que él califica como *flow*: un estado de unidad y de identificación con lo que uno hace, de intensa concentración y olvido del tiempo. Un estado de profunda plenitud donde todo discurre por su cuenta. Ferrucci[46] considera que estas experiencias nacen de un contenido físico:

> *"[...] hay algo en el centro de la experiencia, como pueden ser las pinceladas de color, el vuelo de un pájaro, la mirada de un niño o un acto de generosidad. Sin embargo, existen otras experiencias que carecen de contenido, instantes de éxtasis, donde sentimos profundamente la bondad esencial de la vida, que ocurra lo que ocurra, vivimos en un universo que es fundamentalmente bueno. En este sentido cabe hablar de dos tipos de experiencias: me alegro de estar aquí y me alegro de ser".*

43. Maslow, 1967.
44. Villalba, 2016.
45. Csiszentmihalyi, 1990.
46. Ferrucci, 2009, 73.

Estas experiencias de No-dualidad que describen Maslow y Csiszentmihalyi, consideradas como estados de consciencia libre de conceptos, juicios e intenciones en donde no hay separación entre el sujeto y objeto, no existe un observador y lo observado, son SLE. En estos estados, la experiencia ya no se imagina o se siente dividida en dos ingredientes esenciales: un sujeto llamado "yo", dentro del cuerpo mente, y un objeto, el otro o el mundo, que está a distancia y hecho de algo que no sea nosotros mismos: "Se conocerá y se sentirá como realmente es, infinita y eterna. Todo, todas las cosas aparentes, brillan con la luz del puro Conocer. Como dicen los sufíes, dondequiera que mi ojo se detiene, veo el rostro de Dios"[47].

Estas experiencias nos hacen abrirnos al abanico de la posibilitadora inmanencia presente[48]. Nos hacen relativizar las distracciones para pasar a centrarnos en las cuestiones importantes, que no son otras más que las que dan sentido a nuestra vida, o a la Vida. Son las que nos devuelven la alegría, las que nos hacen tranquilos, calmados, equilibrados, conscientes de nuestro papel en el mundo y de cuál es la forma correcta de actuar. ¿Y todo esto por una experiencia, por una inesperada experiencia que dura un instante? Bueno, es difícil de entender, pero sí. La explicación es muy sencilla, pero requiere tener la mente abierta. No todo el mundo es consciente de la profundidad de lo experimentado, ni se atreve a serlo[49]. O simplemente no reconoce la llamada de la Fuerza Vital ni su carácter trascendente[50].

La explicación es que la experiencia no es humana. Es para las personas, está dirigida a lo humano, pero la experiencia es de otro

---

47. Spira, 2013.
48. Berardi, 2019, 24.
49. Frankl, 2000.
50. McDonald, 2003.

nivel, de un nivel superior. Es una experiencia que viene desde lo trascendente, desde lo espiritual, desde lo religioso. Es una experiencia generada por Dios (por una esencia universal). Dios nos habla desde lo natural, el medio que ha creado, hacia lo humano, como le ocurrió al ambientalista Aldo Leopold[51]: *"El interés rápido e inevitable que se apega a todo parece maravilloso sólo hasta que la mano de Dios se torna visible; entonces nos parece razonable que lo que le interesa a Él pueda interesarnos a nosotros"*. Y ese mensaje es personalizado. Es para ti, es un mensaje personal. Y ese Dios habla con su propio lenguaje directamente al alma. ¿Es ésta la auténtica "Verdad incómoda"[52]? Ufff. ¿La palabra alma en un texto sobre educación ambiental? ¿Hablar de Dios? Umm, algo chirría. Nos resistimos. Sin embargo, cuando reflexionamos sobre la cosmovisión actual, *"que se encuentra penetrada de sutileza y de racionalidad, resulta inverosímil reducir la naturaleza al resultado de la actividad de fuerzas ciegas y casuales"*[53]. ¿Es mejor obviar el papel que lo espiritual puede tener en la conservación del medio ambiente, a pesar de su contrastada incidencia[54]? Quizás es un terreno demasiado embarrado. Mejor no decir nada y colaborar por pasividad con el avance del desierto espiritual que interesa tanto a la globalización y que azota sobre todo a occidente en lo más profundo de sus cimientos y que sigue dañando tanto al medio ambiente. Si la Educación Ambiental del futuro está buscando alternativos y complementarios tipos de estrategias que produzcan duraderos compromisos ambientales en las personas[55], quizás para toda la vida, las SLE pueden ser una de las vías para conseguirlo.

51. Leopold, 1966.
52. Al Gore. *Una verdad incómoda*. 2006.
53. Artigas, 2004, 98.
54. Mallarach, 2008.
55. Palmer, 1998.

En definitiva, podríamos resumir que las SLE se configuran como experiencias que se desencadenan con elementos del mundo natural, que "tocan el alma" y por ello tienen alto poder sensibilizador, son altamente recordadas, afectan de manera determinante, con un alto componente emocional y producen cambios significativos en las personas en su ser, creencias, en su modo de vida, valores, actitudes y comportamientos.

Reconectarnos con nuestra alma

Desde el momento en que las SLE conectan directamente con nuestra alma, quizás sea necesario enfocar este tipo de experiencias a través de la llamada "Educación del alma[56]" que va a acabar por favorecer el llamado *Ecobecoming*[57], un término que podríamos traducir como "Ecoconstrucción" y que refleja la idea de un proceso de transformación y relación con el entorno ecológico, es decir, lo que nosotros estamos denominando como vinculo. La necesidad de fomentar la educación del alma es un aspecto crítico si queremos poner en valor nuestras experiencias de conexión con nuestro ser y con nuestro mundo[58]. ¡Hay tantos posibles beneficios para lo personal, humano y más-que-humano!

La espiritualidad y la educación del alma están intrínsecamente relacionadas, ya que ambas buscan el desarrollo integral del ser humano, trascendiendo lo puramente material y académico. La espiritualidad puede entenderse como una búsqueda personal de significado, propósito y conexión con algo más grande que uno mismo. No se limita a la religión, sino que abarca diversas prácti-

---

56. Steiner, 1996.
57. Payne, 2013, 425.
58. Sherwood, 2006, 100.

cas y creencias que fomentan el crecimiento interno y el bienestar emocional. Busca dar respuesta a las llamadas preguntas últimas, que dan sentido a nuestra existencia. La educación del alma recoge esta espiritualidad e intenta ayudar en el crecimiento de las personas según varias características:

- Educación holística: la educación del alma promueve un enfoque holístico que considera al individuo en su totalidad: mente, cuerpo y espíritu. Este enfoque reconoce que el aprendizaje no es solo una actividad intelectual, sino también un proceso emocional y espiritual. Se busca cultivar la creatividad, la intuición y la reflexión personal.
- Desarrollo de la conciencia: la educación del alma fomenta la conciencia de uno mismo y de los demás. A través de la meditación, la reflexión y el diálogo, los educandos pueden explorar sus valores, creencias y emociones. Este proceso de autoexploración es fundamental para desarrollar una comprensión más profunda de la vida y de las interconexiones entre todos los seres del mundo.
- Ética y valores: la espiritualidad en la educación del alma enfatiza la importancia de los valores éticos y morales. Se busca cultivar virtudes como la compasión, la empatía, la generosidad y la justicia. La educación no solo se centra en el conocimiento académico, sino también en formar individuos que actúen con integridad y responsabilidad social.
- Educación para la paz y la justicia social: la educación del alma también promueve un compromiso con la paz y la justicia social. Se alienta a las personas a convertirse en agentes de cambio, utilizando su conciencia espiritual para abordar problemas sociales y ambientales. Este enfoque ayuda a formar personas que actúan con compasión y responsabilidad.

- Desarrollo de la resiliencia: la espiritualidad puede proporcionar herramientas para enfrentar adversidades. La educación del alma enseña a los individuos a encontrar significado en las dificultades, cultivando la resiliencia y la capacidad de recuperación ante los desafíos de la vida.

Algunas de las estrategias educativas de la educación del alma suponen incorporar prácticas espirituales en el ámbito educativo como:

- Meditación y mindfulness: estas prácticas ayudan a los estudiantes a desarrollar la atención plena, reduciendo el estrés y mejorando la concentración.
- Reflexión personal: espacios para la introspección, donde los estudiantes puedan explorar sus experiencias y emociones.
- Actividades artísticas: la expresión artística permite a los individuos conectar con su interior y comunicar sus sentimientos de manera creativa.
- Conexión con la naturaleza: fomentar el respeto y la conexión con el entorno natural puede fortalecer el sentido de pertenencia y espiritualidad.

La integración de la espiritualidad en la educación del alma no solo enriquece el proceso educativo, sino que también prepara a los individuos para vivir de manera más plena y consciente. Al fomentar un entendimiento profundo de uno mismo y de los demás, se contribuye a la creación de una sociedad más compasiva y justa, donde cada persona pueda alcanzar su máximo potencial.

En la educación del alma, los prejuicios desaparecen. Lo racial, sexual, género y otras consideraciones se diluyen como dibujos de tiza en la tormenta. El alma nos devuelve hacia lo humano porque nos hace iguales de la manera más pura, integral y radical. Nos pone en onda con la verdadera igualdad entre las personas y entre las personas y el mundo natural, de una manera diacrónica y sincrónica. La educación del alma, donde la espiritualidad[59] cobra especial protagonismo, sin duda es una de las claves de la Educación Ambiental, lamentablemente tremendamente olvidada. La educación para la sostenibilidad requiere la reconexión con nuestra alma, con el corazón de la experiencia humana[60]. Es una vía para concienciarnos de que nosotros *"Existimos para nuestro yo humano, nuestro yo comunitario, nuestro yo terrestre y nuestro yo universal [...] si degradamos el planeta, degradamos nuestro yo más amplio"*[61].

Profundizando en nuestra alma, meditando, buscando nuestra conexión más profunda de nuestro ser con el mundo, es fácil sentir el amor, el amor como motor que mueve el mundo. Es fácil sentir la compasión, como forma empática de amor. Desde ese prisma del alma, es fácil conocer que estamos en este mundo para aprender a amar ese yo tan amplio y ponerlo en relación con el mundo desde una perspectiva trascendente.

La conexión con el alma hace que las SLE, como experiencias que tocan el alma, puedan definirse como experiencias No-Duales, en palabras de Spira[62]:

> *"[...] una experiencia pura, atemporal y libre de pensamientos de la Realidad que se produce a través de la percepción sensorial y ocurre cuando desaparece la separación entre un yo interior y un mundo separado".*

La SLE frecuentemente conlleva una experiencia No-Dual de comunión. En este estado no hay juicios, conceptos mentales ni

59. Caduto, 1992, 32.
60. Sherwood, 2006, 110.
61. Berry & Clarke, 1991, 22.
62. Spira, 2014, 167.

separación entre sujeto y objeto. Hay una experiencia de apertura a la realidad, que ilumina nuestra vida. La luz es expansiva y su expansión produce alegría, belleza y amor. Afecta a toda la vida, y todo tiene su lugar adecuado en armonía[63]. En ella, la sensación del paso del tiempo desaparece, porque solo existe el eterno presente, el ahora. Así, la SLE favorece el desarrollo de la inteligencia existencial[64], también llamada trascendente o espiritual[65], ya que permite a los individuos trascender sus propios límites y establecer conexiones más amplias con el universo.

La experiencia que proporciona la SLE que ocurre a través de la naturaleza puede ser similar a entrar en un trance, el mismo trance que puede ocurrir al contemplar una obra de arte, por ejemplo al contemplar una pintura de Rothko[66], en lo que podría considerarse una experiencia estética[67]. No es extraño que la naturaleza y el arte estén íntimamente relacionados, ya que el arte pretende descubrir algo oculto a nuestra mirada, al menos oculto a la mirada convencional. Platón describe esta experiencia en su obra Fedro, diciendo[68]:

> *"[…] tan pronto como las emanaciones de la belleza entran en sus ojos, es presa de un fuego vivo y, al contemplarlo, tiembla, cambia de color y una extraña frialdad lo invade y siente la naturaleza de sus alas renacer. En este estado, toda el alma arde y se eleva".*

En este sentido, el propósito del arte en su estado más elevado ya no es proporcionar un placer estético o hedónico, sino un sen-

63. Martin, 2017, 158.
64. Gardner, 1999, 60.
65. Torralba, 2011, 231.
66. Janson y Janson, 2001, 817.
67. Palmer et al., 1999, 240.
68. Platón, 1973, 281.

tido de bienestar, de felicidad, para ofrecer una experiencia vital; por lo tanto, también puede ser una puerta de entrada a producir SLE, como muestran algunos artistas en sus creaciones. Esta tesis se apoya en el significado original del arte en muchas culturas y tradiciones espirituales alrededor del mundo. Todas las artes, desde tiempos muy antiguos, participan en la representación, en ocasiones de una manera exacerbada de este significado trascendente.

Nuestra relación con la naturaleza incluye una dimensión espiritual. Broom[69] considera que la naturaleza "es vital para nosotros, ya que satisface las necesidades físicas, estéticas y espirituales del ser humano". Por su parte Berry y Clarke[70] piensan que:

> *"La tierra es una comunidad sagrada muy especial. Los humanos se vuelven sagrados al participar en esta comunidad sagrada más grande".*

Bajo esta perspectiva este vínculo espiritual se configura como un elemento clave para la Educación Ambiental, siendo una vía de trabajo muy interesante para ello incluir la educación del alma. Por su parte Skamp indica que los educadores ambientales necesitan ser conscientes de esta dimensión espiritual, definiendo la espiritualidad como *"una conciencia dentro de los individuos de un sentido de conexión que existe dentro de sus yo internos y con el mundo"*[71]. En este sentido, Stevenson[72] cree que el mundo no humano tiene el poder *"de transportarnos emocionalmente y transformarnos espiritualmente [...]"*.

El otro lado de la moneda implica que cualquier visión espiritual del ser humano debe contemplar el vínculo con lo na-

---

69. Broom, 2017, 35.
70. Berry y Clarke, 1991, 43.
71. Skamp, 1991, 80.
72. Stevenson, 2011, 53.

tural, una ecoespiritualidad: *"Se concluye que la noción de vivir en armonía con la naturaleza es central para cualquier visión de la espiritualidad"*[73]. Los pueblos antiguos de la Tierra creían que *"lo divino era omnipresente, revelado en todo el mundo natural"*[74]. Esta circunstancia ya se puede apreciar desde los inicios de la espiritualidad mitológica y puede ser utilizada en beneficio de los objetivos de la EA[75]. Quizás la pregunta clave sea: *"¿Hasta qué punto reflexionamos sobre cómo nuestra vida espiritual se relaciona con el medio ambiente?"*[76]. Además de la dimensión personal, se puede integrar la perspectiva sociocultural trascendente en los programas de EA que restauren un *"vivir ecológicamente sensible"*[77]. Considerando la perspectiva global que la ciencia del Sistema Tierra puede aportar, podríamos decir que *"el Antropoceno está construyendo la base para una integración más profunda de las ciencias naturales, las ciencias sociales y las humanidades, y contribuyendo al desarrollo de la ciencia de la sostenibilidad a través de la investigación sobre los orígenes del Antropoceno y sus posibles trayectorias futuras"*[78]. Estas trayectorias no pueden olvidar incluir la parte espiritual del mundo y de las personas, ya que son parte fundamental de la dinámica de las sociedades humanas.

73. May, 1988, 9.
74. Berry & Clarke, 1991, 3.
75. Echarri & Echarri, 2021.
76. Skamp, 1991.
77. Stevenson, 2011, 50.
78. Steffen et al., 2020, 59.

III

Érase una vez una SLE en la caverna

No había allí ni una piedra que yo no amara, ninguna gota en la cascada a la que no estuviera agradecido, que no procediera directamente de la alcoba de Dios.

Hermann Hesse

Nos encontramos en el paleolítico. En el interior de una caverna, en África, en Asia, en Australia, en América, en Europa, está a punto de ocurrir un hecho definitivo en la evolución humana. Un homínido ha cazado y despedazado su presa. Emulando la película de Kubrick[1], poco a poco su mirada se desvía de la presa y se centra en su propia mano. Es una mano roja de sangre. Lentamente la apoya con fuerza en el techo de la cueva. La retira y observa la huella. Muy atento, la ve, la mira, la contempla, la escruta, la admira. De repente comprende la paradoja, la correspondencia, la representación. Entiende el arquetipo "mano", entiende la idea "mano". Aún no sabe hablar, pero entiende, ha comprendido. Algo maravilloso ha sucedido. Los demás homínidos le observan. Miran la mancha roja en la cueva. No ven, no entienden aún. La ya persona "Yo soy"[2] les dirige, focaliza su atención. Les comunica. Poco a poco, van alzando su mano, la colocan cerca de la mancha y la observan: "Nosotros somos".

---

1. *2001: A space odyssey.* Kubrick, S. (Dir.), 1968.
2. Sherwood, 2006.

Ésta bien pudiera ser la primera SLE de la especie humana, el eslabón perdido que muchos quieren encontrar. Produjo un cambio evolutivo definitivo, ya que permitió la posibilidad de salir del mundo concreto al mundo abstracto; permitió tomar consciencia del yo y del nosotros, el sincretismo que permite lo real fue plasmado en un signo, en una mano rojo burdeos que permanece en la retina, en la neurona y en los genes. La entrada al mundo intangible acababa de ocurrir, al mundo de las ideas. La puerta hacia lo que no se ve, pero se percibe y existe. La puerta hacia otras expresiones, hacia otros mensajes. La puerta tras la que se completa la manera de ser de la realidad. La persona ha sido liberada del objeto físico para trascenderlo y entrar, a través de él, en el mundo metafísico. Se ha producido el traspaso de la visión de los ojos a la visión del corazón[3].

No es casualidad que Platón[4] utilice una caverna para transmitir su famoso mito y referirse a los distintos niveles de la consciencia. En su alegoría, Platón intenta explicar de manera sencilla que los ojos y los sentidos, no bastan para conocer la realidad del universo en todo su potencial, para conocer su inmanencia. Ofrecen un conocimiento limitado de la realidad relativa, referida al mundo visible de los cuerpos y los objetos. Más allá se encuentra el mundo de las ideas y los conceptos matemáticos, que se corresponde a una dimensión más sutil y cercana a la Realidad absoluta. Para acceder a esta realidad necesitamos otras formas de percibir, otras formas de consciencia. Necesitamos salir de nuestra zona de confort perceptiva para avanzar hacia una expansión de la consciencia, que se sitúa más allá de los sentidos y del pensamiento en la región de la no-mente o el Silencio.

3. Saint Exupéry, 2014.
4. Velázquez, 2002.

La idea de arquetipo de un objeto es su realidad en cuanto a su ser, no un conocimiento parcial de atributos de un objeto efímero percibido de forma superficial, sino una revelación holística. Pero además de las ideas, existen otros mensajes que completan el conocimiento. Mensajes intangibles también que trascienden la materia. Mensajes que sólo pueden ser recogidos en estados de consciencia especiales, en otras formas de conocer. Conocemos objetos, ideas y, a través de ellos, algo más. Porque el objeto contiene siempre algo más y diferente que las ideas que genera. Por ejemplo, nos referimos a la Belleza. No es el objeto y no es la idea. Es otro mensaje, pero se nos comunica a través del objeto o de su idea.

Estos mensajes que se producen a través de los objetos tienen diferentes dimensiones y calados. En concreto, no son infrecuentes los mensajes en los que interviene la trascendencia. Whitman[5] afirma que no existe objeto alguno del universo, o parte de él, que no haga referencia al alma. El artista Jorge Oteiza, por su parte, manifiesta que *"Todo lo que se ve es sagrado. Y lo que no se ve es una sacralidad oculta, una deficiencia nuestra visual"*[6]. Pero, emulando a Ortega y Gasset[7], no pensemos que los objetos que contiene lo natural van a entregarnos sus mensajes secretos pasando veloces a su lado[8], sin prestar atención y sin experimentar un mínimo de sobrecogimiento y reverencial asombro que pueda abrir las puertas hacia algo más profundo[9], hacia lo trascendente y espiritual[10]. Tampoco nos entregarán sus secretos si los limitamos y reduci-

5. Whitman, 1981, 106.
6. Merino, 2008.
7. Ortega y Gasset, 2010.
8. Novo, 2010.
9. Carson, 1956, 44.
10. Wolman, 2001.

mos a mera mercancía utilitaria[11], si les causamos daño, degra-
dándolos, denigrándolos, en vez de ensalzarlos y utilizarlos con el
cuidado que merecen. Son nuestros compañeros de viaje y no los
estamos considerando ni cuidando, ni participando con ellos en la
comunión. Unos compañeros que reunimos en la palabra naturaleza o creación. Estamos ligados, re-ligados a ellos:

> *"La espiritualidad parte no del poder, ni de la acumulación, ni
> del interés, ni de la razón instrumental; arranca de la razón emo-
> cional, sacramental y simbólica. Nace de la gratuidad del mundo, de
> la relación inclusiva, de la conmoción profunda, del movimiento de
> comunión que todas las cosas mantienen entre sí, de la percepción del
> gran organismo cósmico empapado de huellas y señales de una Realidad
> más alta y más última"*[12].

Caminamos juntos en un mundo con reglas, las reglas que
están establecidas en lo natural, como el cambio, la evolución, la
biorregeneración[13], para alcanzar un mismo fin. Es su manera de
ser. Un mundo humano y más que humano[14] ontogénicamente
imbricado e inseparable. Un mundo donde la ética no es abrahamista, ni helenista, donde se hace a la tierra servidora de la
persona[15], sino que la ética descentraliza la mirada antropocéntrica para focalizar y envolverse de y con lo ambiental para generar comportamientos responsables con la creación, atendiendo
a su manera de ser, respetando el sagrado vínculo que tenemos
con ella y donde el valor cuidado se ponga al servicio de lo que
realmente importa: aprender a amar, encontrar nuestro propósito

---

11. Leopold, 1966.
12. Boff, 2003, 124.
13. Martínez de Anguita, 2002.
14. Abram, 1997; Aizenstat, 1995; Brown, 1995.
15. Suzuki, 2010, 222.

y responder a las preguntas últimas. La creación está aquí para ayudarnos.

Un mundo donde debería primar la actitud filosófica oriental de amor a la naturaleza donde se le reverencia y considera una buena amiga, como una compañera, un ser destinado como nosotros mismos a la "budeidad"[16]. Un mundo donde debería primar la actitud filosófica de los indios aborígenes americanos[17], donde mercadear con lo natural genera un estado aberrante y denigrante para lo humano. Un mundo con una ética no basada en que todo lo material, todo lo inerte, todo lo natural, animales y plantas, nos pertenecen y están al servicio utilitarista y caprichoso de las personas. Más bien una ética basada en que todos juntos podemos (¿debemos?) desarrollarnos para alcanzar un fin, debemos alcanzar una comunión, según las reglas que están establecidas en el modo de ser de la materia y de lo natural. Desarrollo que implica también el crecimiento espiritual, como se indica ya al inicio del capítulo primero de la Conferencia de Stockholm[18]. Esta es a grosso modo la ética propuesta por tantas religiones a lo largo del mundo[19] y que el sistema económico neoliberal globalizado desprecia y ningunea, causando "Daño". Este daño se produce tanto a nivel ambiental como social[20] e individual en su dimensión integral "bio-psico-social". Se evidencia así su ignorancia al no tener en cuenta principios tan básicos, como el de la impermanencia e interdependencia; que cobran tanta importancia en las tradiciones espirituales y constituyen un elemento axial de muchas religiones, por ejemplo del budismo.

16. Suzuki, 2010, 234.
17. Jeffers, 1993.
18. Declaration of the United Nations Conference on the Human Environment, 1972.
19. Mallarach, 2008.
20. Novo, 2003.

En la medida en que las SLE conducen a una vivencia de total unidad y ausencia completa de un yo separado, de absoluta vacuidad, llevan a un despertar a la dimensión de total comunión, interdependencia, de total solidaridad y total unión entre todos los seres sin excepción[21]. De la comprensión de la vacuidad, se deriva una profunda conciencia ecológica, que suele ir acompañada de una profunda compasión, ya que nos damos cuenta de que todos los seres vivos dependemos los unos de los otros, en una intrincada madeja de relaciones. Esta es la razón por la que los chinos dicen: "cuando arrancas una hoja de hierba, sacudes al universo"[22]. Es en este momento cuando se tiene la ya referida experiencia No-Dual, una experiencia en la que no existe una separación entre un yo y un todo lo demás, no existe una discontinuidad, sino que el yo se funde con lo demás, formando una continuidad, una única unidad que permanece en comunión.

21. Rech, 2013, 74.
22. Balsekar. 2004, 68.

IV

Tipología de SLE: encuentros, epifanías y teofanías

> ¡Cuán vacíos, cuán anodinos e insignificantes son casi todos los días vividos! ¡Qué escasas huellas dejan! ¡Cuán estúpido y falto de sentido ha sido el transcurrir de todas esas horas, una tras otra!
>
> *Ivan Turguénev*

Una vez que se ha realizado una aproximación a las SLE, se podría decir que se han conceptualizado, cabe referir cómo se han recogido este tipo de experiencias en la literatura científica o divulgativa, con otras denominaciones, pero que quieren hacer referencia, de manera general a las características que presenta una SLE. Esta experiencia No Dual conlleva una experiencia de comunión, que podría ser considerada como una experiencia de trance[1]. En este estado no hay juicios, conceptos mentales ni separación entre sujeto y objeto. Hay una experiencia de *"[...] apertura a la Realidad, que ilumina nuestra vida. La luz es expansiva y su expansión produce alegría, belleza y amor. Afecta a la totalidad de la vida, y todo tiene su lugar apropiado en armonía"*[2]. En ella desaparece la sensación del paso del tiempo, porque sólo existe el presente eterno, el ahora. Las SLE favorecen así el desarrollo de la inteli-

---

1. Janson y Janson, 2001, 817.
2. Martín, 2017, 158.

gencia existencial[3], también llamada trascendente o espiritual[4], ya que permite a los individuos trascender sus propios límites y establecer conexiones más amplias con el universo. Las experiencias que proporcionan las SLE son a menudo desencadenadas por el medio natural en su estado salvaje[5]. Aunque no solo pueden producirse a través de esta naturaleza salvaje. También pueden ocurrir por elementos de naturaleza más humanizada, como un jardín, o incluso por elementos creados por los humanos, como puede ser un tranvía o, por supuesto, por elementos de espiritualidad, como puede ser una iglesia.

Las SLE pueden denominarse de muchas maneras. Algunas de estas diferentes denominaciones de experiencias que entran dentro del "paraguas" de las SLE se muestran en la Tabla 1. En especial quiere destacarse aquí, las SLE denominadas como *encuentros, epifanías y teofanías*, que se exponen a continuación y que bien pueden englobar al resto de las denominaciones existentes en dicha Tabla 1. Como se verá, las diferencias entre estos tres términos son sutiles:

1. Encuentro: en el contexto de experiencias en la naturaleza, se refiere a experiencias directas que una persona tiene al estar en contacto con el mundo natural que contienen momentos de enorme calado, ya que se consideran especiales y muy significativos. Rousseau ya apuntaba a la posibilidad educativa de los encuentros en la naturaleza como una evidente fuente de verdad y bondad, llamándolos "lecciones de la naturaleza"[6]. Algunos ejemplos de este tipo de "encuentros" en la naturaleza pueden ser:

3. Gardner, 2010, 60.
4. Torralba, 2011, 231.
5. Laski, 1961.
6. Rousseau, varias ediciones.

- Avistamiento de animales salvajes, como ver a un animal en su hábitat natural de manera inesperada.
- Contemplación de fenómenos naturales impresionantes, como una puesta de sol, una tormenta, erupción de un volcán, una cascada, etc.
- Sensación de conexión o sintonía profunda con el entorno natural, como experimentar una profunda paz o sensación de pertenencia.
- Momentos de asombro o maravilla ante la belleza, la complejidad o la fuerza de la naturaleza.
- Experiencias de trascendencia o de conexión con algo más grande que uno mismo al estar inmerso en la naturaleza.
- Instantes de inspiración, creatividad o comprensiones que surgen durante una experiencia en la naturaleza.

Los "encuentros" suelen tener un impacto emocional, espiritual o transformador en las personas, llevándolas a una mayor apreciación y conexión con el mundo natural.

En palabras de Buber[7], *"en el encuentro algo le ocurre al ser humano. A veces es como un soplo, a veces como un combate de boxeo, no importa: ocurre. El ser humano que surge del acto esencial de la realización pura tiene en su ser un plus, un acontecimiento del cual antes nadie tenía noticia, y cuyo origen no sabría designar correctamente".*

2. Epifanía. Se podría definir como una manifestación, revelación o comprensión repentina de una verdad profunda o significativa. Algunas características de una epifanía son:

- Es un momento de iluminación o claridad que surge de manera inesperada.

---

7. Buber, 2005, 95.

- Puede ser una comprensión profunda sobre uno mismo, sobre la vida, sobre un problema o sobre algún aspecto del mundo, como el medio ambiente o el vínculo persona-naturaleza.
- Suele ser un momento transformador que cambia la perspectiva de la persona.
- Puede ocurrir en cualquier momento, a menudo cuando la persona está relajada o en un estado mental diferente al habitual.
- Después de la epifanía, la persona puede sentir que las cosas tienen un nuevo significado o que ha alcanzado una nueva comprensión. Por ejemplo con la relación personal con la naturaleza.

En resumen, una epifanía es una experiencia reveladora y transformadora que surge de manera repentina, brindando una nueva perspectiva o entendimiento sobre algo.

3. Teofanía[8]. Se refieren a una manifestación o aparición de una divinidad o de lo divino, de lo sagrado. Implica una revelación clara y explícita de lo divino en los seres humanos. Algunas características de una teofanía son:

- Tiene un carácter sobrenatural y trascendente, que va más allá de lo ordinario.
- Puede ocurrir a través de visiones, sueños, voces, objetos, señales o fenómenos sobrenaturales.

---

8. En este apartado se ha considerado que el término *teofanía* incluye las llamadas *hierofanías* (Eliade, 1972) que se refieren a la manifestación de lo sagrado en el mundo profano.

- Suele tener un impacto profundo en la persona que la experimenta, generando asombro, temor reverencial o una sensación de conexión con lo divino.
- Se consideran momentos clave en los que Dios se manifiesta a los seres humanos.
- Estas experiencias pueden ser transformadoras y llevar a la persona a un mayor entendimiento espiritual o a un cambio en su vida.

Las teofanías de manera general pueden acarrear estas fases:

- Iluminación: sentimiento de una revelación clara de la presencia de Dios, lo que permite ver la realidad de una manera nueva y profunda.
- Conexión con la fe: la claridad de la visión de Dios conforma un vínculo de fe, donde la espiritualidad y la religión se convirtieron en pilares fundamentales de la vida.
- Reflexión sobre conceptos, como la libertad, la justicia, la verdad, la bondad, la esperanza, el dolor: a través de estas experiencias, se focaliza en nuevos conceptos que se conforman como centros de interés.
- Sentido de propósito: la experiencia proporciona un sentido renovado de dirección y significado en la vida, causando una gran motivación hacia la realización de ese propósito.

En resumen, una teofanía es una revelación o aparición de lo divino que tiene un carácter sobrenatural y que genera una experiencia profunda y transformadora en quien la vive.

Cabe decir que los encuentros, epifanías y teofanías tienen límites difusos y que una misma experiencia puede, según su grado de consciencia, encasillarse en una u otra denominación. Estas experiencias pueden ser desencadenadas de manera general por elementos del medio ambiente y nos encaminan hacia una esfera espiritual. Así le ocurría manifiestamente a san Francisco de Asís, que poniendo el asombro y admiración del medio natural como medios de obtención de experiencias, buscaba ahondar en su espiritualidad[9]:

> *"Anhelando salir de este mundo como de un destierro, Francisco, aprovechadísimo y feliz caminante, se servía no poco de los objetos que en el mundo se admiran".*

Un aspecto destacable de las SLE es que generan una apertura, un conocimiento, un cambio. Pero generalmente no ocurre desde lo racional o desde lo intelectual. El conocimiento viene de otra Fuente. La evidencia o evidencias que se desencadenan, esa comprensión de haber conocido algo Nuevo, suele ser de otra naturaleza más allá de lo intelectual. En palabras de María Zambrano[10], refiriéndose a lo que ella denomina "evidencia":

> *"La evidencia suele ser pobre, terriblemente pobre en contenido intelectual. Y, sin embargo, opera en la vida una transformación sin igual que otros pensamientos más ricos y complicados no fueron capaces de hacer".*

9. De Legísima y Gómez, 1945, 484.
10. Zambrano, 1995, 69.

Tabla 1
Diferentes denominaciones de experiencias que pueden converger bajo la denominación de Experiencia Significativa de Vida (SLE)

Name	Author
Afección	Massumi (2002)
Encuentros en la naturaleza salvaje	Keniger *et al.* (2013, 54)
Epifanías	Witt (2012)
Epifanías ambientales	Vining & Merrick (2012)
Essential primary experiences	Yenawine (2013, 7)
Experiencia autotélica	Csikszentmihalyi (1990)
Experiencia con la naturaleza	Boeckel (2015); Keniger *et al.* (2013, 51)
Experiencia Contemplativa	Teixidor (2017, 210)
Experiencia Emocionalmente Poderosa	Nodelman (1997, 306)
Experiencia Estética	Palmer (1998, 246)
Experiencias formativas y de influencia significativa	Palmer *et al.* (1999)
Experiencia de Fuera de la Zona de Control	Vega (2010)
Experiencia de lo sublime	Shaviro (2002, 9)
Experiencia Directa con la Fuerza Vital	McDonald (2003, 14)
Experiencia Filosófica	Carbonell (2015, 104)
Experiencia Fundante	Garrido (1996, p. 284)
Experiencia Interior	Bataille (2014)
Experiencia Mística	Hammarskjöld (2009, 125)
Experiencia No-dual	Davis (1998)
Experiencia de Realidad	Spira (2014, 167)
Experience Reveladora	Berry & Clarke (1991, 92)

Name	Author
Experiencia Reverencial	Graburn (1977)
Experiencia Significativa	Priem & Mayer (2017)
Experiencias Significativas de Vida	Tanner (1980); Chawla (1998)
Experiencias Significativas de Vida en el Medio Ambiente	Puig & Echarri (2016)
Experiencia transpersonal	Davis (1998)
Experiencia Trascendente	Clayton & Myers (2015, p. 241)
Experiencia Trascendente en la naturaleza	Sobel (2008, p. 9)
Flow experience	Csikszentmihalyi (1990)
I-Thou experience	Buber (2010)
Inmersión en el mundo	Manrique (2005, 35)
Meaningful nature experiences	Zylstra (2019)
Momento A-ha	Vining & Merrick (2012, 485)
Optimal experience	Csikszentmihalyi (1990)
Original Vision	Robinson (1973)
Peak-experience	Maslow (1967, 59)
Sensación Oceánica	Comte-Sponville (2006, 158)
Spiritual and Inspirational Experiences	Hoffman (1992)
Teofanía	Perl (2007)
Wild mystical experience	Hulin (1993)
Wuwei	Barrett (2011)

V

SLE en diferentes artistas, escritores, ambientalistas, investigadores y genios

Si no se respeta lo sagrado, no se tiene nada en que fijar la conducta.

Confucio

Because I have known the torment of thirst I would dig a well where others may drink.

Ernest Thompson Seton

Una vez presentadas las SLE, su definición, modo de inicio y acción, características y potencialidades vamos a pasar a exponer una segunda parte en la que se recogen diversas experiencias de algunos autores, algunos muy reconocidos, que podrían ser calificadas como SLE. Algunas, como la experimentada por Aldo Leopold (1949) está calificada como tal por Jones (2002, 348). Pero otras no están documentadas, comprobadas o calificadas así por la bibliografía. En cualquier caso, como el caso de los autores que se expondrán más adelante, se ha corroborado la existencia de indicios y signos que pueden hacer pensar que se trataba de una SLE. Y es que en ocasiones no es fácil reconocer una SLE a partir de una pequeña frase o párrafo. Como bien sabemos, en ocasiones el lenguaje no puede describir bien la realidad de una experiencia, incluso puede ser absurdamente inadecuado[1], más cuando ésta es compleja e inmaterial, incluso inefable, como ocurre en muchas de estas experiencias, bocetadas en lenguaje poético. A pesar de esta dificultad, en los textos se encuentran diferentes elementos para calificar la experiencia como SLE.

---

1. R.L. Stevenson en su ensayo sobre Whitman (XIV, 91-92).

El encuentro de Ernest Thompson Seton (1860-1946) con el "brillo verde"

Considerado como uno de los grandes ambientalistas americanos, desde los seis años Seton tuvo la oportunidad de vivir en los bosques canadienses. Seton se convierte en un afamado cazador de lobos. En una ocasión es contratado por un ranchero local del estado de Nuevo México para acabar con la vida de un lobo que vive en el área de Currumpaw y que está diezmando la población de ganado. Llevan meses intentándolo, pero el lobo esquiva todas sus estrategias y artimañas para darle caza. Por eso deciden llamar a un cazador más experimentado como lo era Seton. Éste acepta el encargo e inicia su actividad de cazador en Nuevo México. Su previsión inicial es de dos semanas para dar caza al lobo. Pero pasan los días y Lobo, que así se llama el lobo al que pretende dar caza, se resiste a ser cazado. Ninguna artimaña de caza tiene éxito. Seton se ve retado por la inteligencia de este lobo. Las múltiples estrategias cinegéticas utilizadas por Seton, como cepos y cebos envenenados, siguen sin dar el fruto esperado. La inteligencia y comportamiento de Lobo va generando un estado mental especial en el cazador, que se siente claramente desafiado.

La historia de Seton y el lobo de Currumpaw fue una experiencia conmovedora que Seton escribió posteriormente a forma de relato. Seton narra cómo Lobo se convierte en el líder de su manada y en un cazador excepcional. A medida que la historia avanza, Lobo se enfrenta a los desafíos que la vida humana impone en la naturaleza, incluyendo la caza y la supervivencia. Seton describe con gran detalle las habilidades y la inteligencia de Lobo, así como su conexión con su manada y su entorno. La historia también aborda el conflicto entre los humanos y la vida salvaje. En cierta forma esta historia representa la lucha entre la naturaleza y la civilización. A lo largo de la narración, Seton muestra el respeto que siente por el lobo y su admiración por su nobleza y valentía.

Lobo es a todas luces un lobo especial, porque ningún cazador ha podido abatirlo, ni con lazos, cebos envenenados, ni cualquier otra artimaña. En su prolongada lucha por atraparle el propio Seton experimenta el desaliento, al igual que a los cazadores precedentes. Seton va poco a poco personalizándolo, va conociéndolo y respetándolo. Tras varias semanas de intentos fallidos, finalmente la fortuna le sonríe al poder atrapar a Blanca, la "novia" del lobo. Es a través de Blanca que Seton consigue finalmente atrapar a Lobo con un cepo. Cuando ya lo tiene a su merced y pretende dispararle para terminar con su vida, la mirada del lobo conecta con él: "*His eyes glared green*", relata (2009). Algo le detiene y no dispara. Decide no disparar y es consciente de su incoherencia, ya que "*estaba allí para eso*", para disparar y matar. Era su trabajo. Algo le conmueve: "*algo como una compunción se apoderó de mí*". Lo carga en su caballo y lo lleva al rancho para dejar que muera, debido a las heridas provocadas por el cepo, dejándole largamente contemplar la pradera de Currumpaw, su hábitat natural. En este caso Lobo representa la imagen de la contemplación de la naturaleza, que se hace propia también de su observador. "*Cuando el sol se ponía, él permanecía contemplando fijamente la pradera*". A través del episodio del lobo, se puede ver en Seton la profundidad posible del mirar, e intuir la maravilla espiritual que puede encerrar o atesorar. Esta experiencia de vida significativa a través de la mirada del lobo, con la que se mezcla la suya propia, le produce profundos cambios proambientales.

En su relato, Seton personaliza al lobo, ya no es el arquetipo de lobo alimaña, sino que pasa a ser personalizado, en cierta forma admirado, por representar el perfecto vínculo con la naturaleza, ya que Lobo encarna los valores de la vida salvaje. Aunque finalmente Seton logra atrapar a Lobo la historia no termina en una simple victoria. Seton utiliza este encuentro para reflexionar sobre la relación entre humanos y animales y la importancia de entender y respetar la naturaleza. ¿Pero qué ocurre entre Lobo y Seton que transforma al cazador y lo vuelve ambientalista? Vamos a intentar explicarlo.

Cabe resaltar que en la frase en la que Seton muestra su compunción, se refiere a una especie de remordimiento o pesar que le invadió de forma inesperada. Es una forma de describir un estado emocional complejo que le hizo reflexionar sobre sus acciones. Esta SLE desencadenada a través del encuentro con la mirada del lobo, le produce profundos cambios que le transforman en un ambientalista y educador ambiental destacado. Seton calificó esta experiencia como *"uno de los puntos de inflexión de mi vida"*[2]. Incluso se podría hablar de "conversión": *"su vida y actitudes fueron cambiadas para siempre"*[3]. Esta experiencia influyó en su concepción de una ética ambiental *"Su afirmación de que los animales están relacionados con los humanos en un sentido moral pronto lo llevaría a la conclusión lógica de que, por lo tanto, somos responsables de su preservación."*[4] y su transmisión a través de la educación. De hecho es de las pocas personas de su época que defiende tanto al lobo[5], calificándolo de "héroe animal"[6], como a los "animales salvajes inofensivos"[7]. Su experiencia es transmitida en 1898 bajo el título de "Lobo, The King of Currumpaw", primer capítulo de su obra *Wild Animals I Have Known*. Además, dará respuesta a sus nuevas inquietudes con la creación del movimiento "Woodcraft" para la educación de jóvenes en la naturaleza. Incluso incorpora la huella del lobo como parte de su firma. En cierta forma, esa SLE adquirió una relevancia central

2. Witt 2010, 38.
3. Witt 2010, 36.
4. Witt 2010, 38.
5. Jones 2002.
6. Seton 1925, 337.
7. Seton 1901, 12.

en su vida, entró a formar parte de sus señas de identidad. Seton se transformó y pasó a promover la educación ambiental de los más jóvenes en el bosque, para que fueran conscientes de las posibilidades que lo natural tiene para sus vidas. Esta actividad está considerada como el precedente del movimiento Scout. No hace falta referir aquí su enorme importancia en el fomento de valores ambientales y humanos de este movimiento para el desarrollo de las personas.

La concepción de Seton de que los animales están relacionados con los humanos en un sentido moral implica que tenemos una responsabilidad ética hacia ellos. Esta conexión moral sugiere que, al igual que nosotros, los animales también tienen derechos y merecen consideración y respeto. Seton, al reconocer esta relación, aboga por la conservación y protección de la vida silvestre. La idea que promulga es que, al ser parte de un mismo ecosistema y compartir un sentido de existencia, los humanos no solo deben proteger a los animales de la extinción y el sufrimiento, sino también promover su bienestar. En resumen, esta perspectiva ética nos lleva a asumir un papel activo en la preservación de la naturaleza y a considerar nuestras acciones en relación con el impacto que tienen sobre otras especies.

El encuentro de Aldo Leopold (1887-1948) con el *"fierce green fire"*

Aldo Leopold está considerado como uno de los ambientalistas más destacados en los Estados Unidos. Ha sido denominado como el "padre de la ciencia ecológica" (Jones 2002) y fue promotor de la ética ambiental. Su obra *A sand county almanac* (1949) incluye un ensayo que ha tenido una enorme influencia en este campo: *The Land Ethic*. Una de las características de su visión de los seres humanos es que [...] *"Viven en la tierra, pero no de la tierra*"[8], haciendo referencia a la desconexión del vínculo con lo ambiental. Él cree fundamental el vivir conectado a la tierra, por ejemplo, viviendo de manera independiente en una granja, para conocer el funcionamiento de la naturaleza y comprender el significado y potencia profunda que tiene en nuestra vida.

Pero su pensamiento, tan influyente, no viene de la nada. Entre otros factores que lo alimentaron, Leopold tiene una relación muy especial con la naturaleza y, más en concreto, con el lobo. Creció en contacto con la naturaleza. Hijo de cazador, desde niño acompañaba a su padre en las cacerías, donde el lobo era el enemigo: *"En aquellos días nunca habíamos oído acerca de dejar pasar la oportunidad de matar un lobo"*[9]. Esta visión cultural de la época hace todavía más entendible el anterior episodio de Seton, algunas décadas anterior al de Leopold. Pero, volviendo a Leopold, es particularmente conocido su encuentro con una loba moribunda a la que han disparado en el transcurso de una cacería[10]:

> *"Alcanzamos a la vieja loba a tiempo para ver una feroz luz verde apagándose en sus ojos. Me di cuenta entonces, y lo he sabido desde entonces, que había algo nuevo para mí en esos ojos, algo conocido solo por ella y por la montaña. Yo era joven entonces, y estaba lleno de ansias de disparar; pensaba que porque hubiera menos lobos, habría más ciervos, y que no haber lobos significaría un paraíso para los cazadores. Pero después de ver morir la luz verde, sentí que ni el lobo ni la montaña estaban de acuerdo con tal visión".*

Estamos de nuevo ante una SLE. Los ojos de Leopold se encuentran con los de la loba agonizante. A través de esta mirada se le abre en la mente otra visión diferente sobre el vínculo con lo na-

---

8. Leopold 1949, 34.
9. Idem, 130.
10. Idem, 130.

tural. Él reconoce la importancia fundamental de esa experiencia en su pensamiento: *"Mi propia convicción al respecto data del día en que vi morir a un lobo"*[11]. Algo profundo cambia en él. Ya no está de acuerdo con la visión utilitarista de la naturaleza. No es cuestión de cazar todos los lobos para tener más ciervos. Se da cuenta de que existe otra visión que parte desde lo natural, la visión del lobo y la montaña (el medio ambiente), que tiene otra forma de ser que tenemos que considerar, porque nos va a ayudar a nosotros. ¿Y en qué nos ayuda? En comprender mejor el mundo en el que estamos y en ayudarnos a ser mejores personas. Es remarcable en particular su expresión *"[...] y lo he sabido desde entonces [...]"*. Jamás se le ha olvidado esa enseñanza, lo que confirma la durabilidad y el interés educativo de estas experiencias personales. Pero lo que más se desea destacar ahora son sus consecuencias: produce en él cambios significativos de por vida, que se incorporan a su ética sobre la tierra. Su nueva visión inspiró no pocos compromisos a lo largo de su vida, por ejemplo la promoción de la preservación de la vida y las áreas salvajes fundando, junto con otras personas, la Wilderness Society en 1935.

La experiencia del lobo marcó tanto a Leopold que hoy en día se emplea la expresión *"green fire"* como símbolo de la experiencia que tanto influyó su pensamiento. Se podría decir que es la "marca" Leopold, titulando así incluso películas o documentales sobre el pensamiento de Leopold[12]. Si la experiencia, de una parte, enlaza con su saber científico ecológico, de otra acontece de una forma que habrá que caracterizar más bien como "espiritual". Así lo ve Jones[13], por ejemplo: *"La apasionada referencia a un 'fiero fuego verde' marcó la epifanía ecológica de Leopold como una expe-*

11. Leopold 1949, 129.
12. http://www.aldoleopold.org/greenfire/.
13. Jones, 2002.

riencia espiritual además de científica". Esta dualidad todavía tan inexplorada puede ser de enorme interés investigador en el ámbito de la educación ambiental.

El encuentro de Félix Rodríguez de la Fuente (1928-1980) con la mirada ambarina del lobo

Félix Rodríguez de la Fuente está considerado como el más importante ambientalista de habla hispana. Sus obras e influencia se extienden a lo largo de todo el mundo. Coetáneo y amigo de Jacques Cousteau y Konrad Lorenz[14], comunicador prodigioso[15], su vasto legado en forma de enciclopedias y otras publicaciones, programas de televisión y radiofónicos pueden encontrarse en las principales bibliotecas de todo el mundo[16]. Su visionaria filosofía sobre la relación entre el hombre y la tierra transformó en particular el pensamiento ambiental de la sociedad española durante los años 1970 y 1980. El moderno conservacionismo en España no puede entenderse sin su figura. Félix llega en un momento de la historia española en el que la ley permite cazar a prácticamente cualquier especie. En esta ley no solo se permite dar caza a las llamadas alimañas sino que incluso se fomenta su caza, ya que paga a los tramperos y cazadores por la muerte de innumerables carnívoros silvestres. Con su enorme influencia, Félix promueve muy eficazmente el cambio desde esa situación hacia la España

14. Konrad Lorenz obtuvo el Premio Nobel de Medicina de 1973.
15. Salcedo, 2008.
16. Su enciclopedia *Fauna*, prologada elogiosamente por Lorenz en 1974, ha sido traducida a trece idiomas y vendida en unos treinta países del mundo. Cálculos aproximados permiten valorar en unos ochenta millones los fascículos vendidos (Araujo, 1990: 102).

que promulga leyes protectoras de la naturaleza, iniciando el movimiento conservacionista ambiental.

Su historia es curiosa. Félix vivía en el páramo austero de Burgos, en un pequeño pueblo llamado Poza de la Sal. En esa época la caza contribuía a la economía familiar, por lo que estaba plenamente arraigada. A los niños, desde temprana edad, se les llevaba a las cacerías, para transmitirles ese modo de vida. A los 12 años, llevan a Félix a una montería. Desde su puesto de caza, otea el paisaje, tratando de encontrar al lobo al que se quiere dar caza. Lo descubre a través de sus prismáticos, mirando en su dirección. Y se siente, casi inexplicablemente, mirado e interpelado directamente por él. Es así como le sobreviene una SLE. Félix cuenta así esta experiencia[17]:

"Lo que vi entonces…¡no se me olvidará jamás! Vi un animal hermosísimo; un animal grande, de color gris, un animal que estaba perfectamente parado y que miraba exactamente en mi misma dirección. Lo que más me llamó la atención fueron sus ojos; de un color ambarino[18], acaramelado, eran unos ojos que me miraban con nobleza, unos ojos con un gran interrogante…Unos ojos de los que se desprendió, quizá, una queja: "¿Por qué me perseguís? ¿Por qué queréis acabar conmigo?".

"Aquel animal no tenía nada que ver con la bestia feroz, malvada, sanguinaria y sucia que me habían descrito. Era un animal hermosísimo, de mirada noble, profunda. Era la más acabada representación de la fuerza de la libertad, del palpitar del corazón de la madre Tierra"[19]

17. Pou 1995, 47.
18. No puedo evitar hacer referencia en las experiencias de Leopold y Félix a la Lectura de la profecía de Ezequiel 1,2-5.24–2,1a, donde se menciona el fuego con un resplandor ámbar que indica la "apariencia visible de la Gloria del Señor".
19. Varillas 2010, 110.

Desde ese momento Félix tuvo una relación absolutamente especial con los lobos: *"He sentido siempre auténtica preferencia, entre todos los animales, por el lobo"*[20].

Él es consciente de la importancia de la experiencia que nuevamente reclama ser catalogada como "espiritual", y de su durabilidad:

> *"Fue un momento trascendental, uno de esos que influyen en toda la existencia de un ser humano. Aquel día cambió drásticamente mi vida y mi concepto hacia el lobo"*[21].

No es ajena esta experiencia, a su sentimiento de unión con el mundo, que expresa en ocasiones como quien vislumbra un ideal: *"Un planeta donde los animales y los hombres se comprenden y se aman"*[22]. Hacia ese objetivo, entre otros, trabajó de manera tenaz y con gran esfuerzo, hasta que en 1980 un fatal accidente de aviación en Alaska terminó con el llamado en aquellas tierras "Jack London español".

Cabe destacar también la evolución que experimentó Félix desde los contenidos más puramente biológicos hasta los antropológicos, focalizando finalmente hacia lo filosófico, a través de una ecoespiritualidad que veía en todos los animales, ya que *"los animales le alimentaban espiritualmente"*[23]. Desgraciadamente su prematuro e inesperado fallecimiento trastocaron su evolución que –¿quién sabe?– quizás le hubiera llevado hacia caminos de ecoespiritualidad más patente[24]:

20. Idem, 367.
21. Idem, 343.
22. Pou 2008, 162.
23. Pou, 2008, 40.
24. Idem, 363.

"¿Sabes?, creo que estoy evolucionando poco a poco. Desde la zoología me dirijo hacia la antropología y desde allí ¿quién sabe? A veces pienso que mi meta última no es otra que la FILOSOFÍA con mayúsculas".

Varillas[25] considera que Félix tenía una innata espiritualidad que le sobrepasaba en su comunicación con la naturaleza. Para Félix la naturaleza es "alimento espiritual". ¿De dónde llegó a esa conclusión? Posiblemente sus diversas SLE experimentadas a lo largo de su vida tuvieron mucho que ver.

El encuentro de Víctor Hugo (1802-1885) con la enredadera y la hormiga

Víctor Hugo fue un destacado escritor, poeta y dramaturgo francés. Es considerado uno de los más grandes autores de la literatura francesa y una figura central del Romanticismo. Su obra *Los miserables* (1862) es una novela monumental, considerada como una de las cumbres de la literatura universal. Como buen escritor romántico, escribió un libro de viajes: *Viaje a los Pirineos y los Alpes*, en el que se extasía ante la magnificencia de la naturaleza. En este libro posiblemente describa una SLE ocurrida al contemplar un paisaje, una enredadera y una hormiga en los Pirineos en 1843 (2012, 93):

"Poco a poco, el paisaje exterior, que miraba distraídamente, había desarrollado en mí ese otro paisaje interior al que llamamos ensoñación. Tenía la mirada girada y abierta hacia mi interior y ya no veía la naturaleza, veía mi espíritu. [...] solamente me acuerdo de una forma confusa que permanecí unos minutos detenido ante una enredadera

25. Varillas, 2010, 640.

sobre la que iba y venía una hormiga. No sé cuánto tiempo estuve así [...]".

Como se ha comentado, tenemos que inferir la SLE a partir de los indicios que nos regala este pequeño párrafo. El paisaje exterior provoca el ensimismamiento. La enredadera y la hormiga desencadenan la SLE que permite acceder desde el mundo exterior al mundo interior. Pasa de la mirada distraída y general del paisaje a la mirada atenta, concreta y detenida de la enredadera y la hormiga. Se abre la puerta y accede al mundo inmaterial desde el mundo natural. La pérdida de la noción del tiempo apunta hacia la SLE.

Dag Hammarskjöld (1905-1961) y el canto del mirlo

Dag Hammarskjöld fue un diplomático y estadista sueco conocido por haber sido el segundo Secretario General de las Naciones Unidas, cargo que ocupó desde 1953 hasta su muerte en 1961. Hammarskjöld fue reconocido por su enfoque innovador en la diplomacia y la mediación de conflictos. Durante su mandato, trabajó para fortalecer la ONU y promover la paz en diversas crisis internacionales, incluyendo la crisis de Suez en 1956. Ilustre Premio Nobel de la Paz póstumo en 1961. En su libro póstumo *Marcas en el camino*[26] nos relata lo siguiente:

> *"Sol de marzo. A la sombra tenue del desnudo abedul, sobre la nieve, se cristaliza la calma helada del aire. Entonces —de repente— la vacilante nota, el reclamo del mirlo, una realidad más allá de la tuya propia, la realidad. De repente: el paraíso del que nos ha excluido nuestro conocimiento".*

26. Hammarskjöld, 2009, 87.

En esta sencilla, pero profunda descripción, el canto del mirlo desencadena una SLE que le lleva a entender otra realidad por una vía diferente del conocimiento. Ese canto le arrastra a encontrarse con el paraíso inefable del que nuestro conocimiento, envanecido y limitado, demasiado cognitivo y poco "acorazonado" nos excluye a diario.

César Manrique (1919-1992) y el estrecho lazo matrimonial con los Jameos del Agua

Manrique fue un influyente artista, arquitecto y activista medioambiental español, originario de Lanzarote, en las Islas Canarias. Es conocido por su enfoque innovador en la integración del arte y la naturaleza, el llamado *Land-Art*, así como por su papel en la conservación del paisaje natural de la isla de Lanzarote. Sus proyectos arquitectónicos realizados en Lanzarote son precursores de la arquitectura sostenible, ya que buscan como un objetivo prioritario armonizar con el entorno natural. Su estilo se caracteriza por el uso de materiales locales y la preservación del paisaje, creando espacios que reflejan la esencia de la isla. Manrique está considerado el artista lanzaroteño por excelencia por estas intervenciones en la isla, calificada como "sublime"[27] en cuanto a la categoría estética de paisajismo propuesta por Burke en el siglo XVIII.

Manrique cree que la naturaleza es la fuente de donde bebe su capacidad de creación[28]. Pero al artista se le puede además calificar, ya desde los años 1960, como un visionario agente de desarrollo sostenible de Lanzarote. Manrique se constituyó en un ejemplo de desarrollo con integración estética del paisaje sosteni-

27. Maderuelo, 2006: 44.
28. Gómez Aguilera 2005: 9.

ble[29], de respeto hacia lo natural. Su visión considera el desarrollo de la isla respetando su "belleza única"[30] y respetando su forma de ser, su gran riqueza natural y su cultura tradicional. El modelo de desarrollo que propuso y realizó incluye la integración estético-paisajístico-ambiental[31], por lo que se le podría considerar como un *ecólogo de la belleza*[32]. Por eso fue un pionero[33] del paradigma de desarrollo sostenible mucho antes de que se acuñase este término[34], cuando lo imperante en esos años era el contrapuesto *estilo internacional*[35] de desarrollo turístico. Como parte del desarrollo sostenible que propone para "su[36]" isla incluye el concepto de *"arte total"*[37], un arte integrador con la tradición natural y humana de la isla, en simbiosis con la naturaleza, que utiliza como recurso para su desarrollo, pero siempre de forma respetuosa, *"en sintonía con el soplo creador del universo"*[38].

Su destacada obra plástica incluye los elementos naturales en su forma matérica. Pero si ahondamos en las razones de la forma de ser y actuar de Manrique, de su forma de considerar la isla, de su activismo social y liderazgo en la promoción del desarrollo ade-

29. Sabaté et al. 2013.

30. Manrique 2005: 29.

31. Gómez Aguilera 2005: 11.

32. Echarri, 2018.

33. Numerosos reconocimientos avalan su trayectoria: Premio Internacional de Ecología y Turismo. Berlín, 1978. Medalla de oro de bellas Artes. Banda de Andrés Bello de Venezuela. Gran Cruz al Mérito Civil. Oscar de Oro Internacional. Premio Internacional del Museo Moenchehaus al arte y al medio ambiente de la ciudad de Goslar, 1981 (Zaya, 1981).

34. Informe Brundtland, 1987.

35. Gómez Aguilera 2005: 11.

36. Se habla de "su" isla por el fuerte sentimiento de pertenencia que tenía hacia Lanzarote. Manrique no se puede entender sin su vínculo con la isla.

37. Gómez Aguilera, 1990.

38. Idem.

cuado de Lanzarote, quizás podamos referir algunas experiencias que tuvo el artista lanzaroteño en sus contactos con la primigenia naturaleza de la isla y que podrían ser calificadas como SLE, y, por lo tanto, podrían ser determinantes en su posterior historia de vida. Posiblemente se podría decir que las primeras SLE sucedieron siendo muy niño, como él mismo relata[39]:

"Ya, desde que era muy pequeño me atraían los mares de lava como una fantasía soñada, en donde caminaba queriendo provocar una arriesgada aventura [y] la emoción que sentía en ese laberinto negro me producía un temblor difícil de explicar. Estas sensaciones me quedaron grabadas en mi alma, como un cuño imborrable".

Pero quizás la más determinante fuera la SLE que le sobrevino en los famosos "Jameos del agua" de su apreciada isla natal Lanzarote[40]:

"El Jameo del Agua fue para mí, desde la primera vez que lo vi, siendo un niño, algo que estaba por encima de toda comprensión. Su recinto y espacio querían acogerme y me sentí absorbido, fascinado y fuera del tiempo, como por un profundo y fetal sentimiento. Sentí como si yo mismo hubiera participado en la portentosa formación de su comienzo y en el origen de su convulsion. Quería tener la experiencia de pasar una noche entera en estrecho lazo matrimonial para tratar de meterme dentro de su esencia y tratar de entender su aparente silencio. Quería comunicarme con ella y que ella me transmitiera su secreto totalizador. En esa noche, mis sentidos enteros se abrieron para empezar a oír los sonidos en un lenguaje que mi intuición entendía, empezando a comprender lo que todo aquel espacio significaba. Comencé a entenderlo todo, oyendo perfectamente su llamada y pidiéndome que participara en su ayuda para presentación al mundo de su gigantesca belle-

39. Manrique 2005, 83.
40. Manrique 2005, 83.

za. Mi comportamiento con él fue absoluto a través de un sentimiento inexplicable. Me sentí transformado en basalto, sin posible lenguaje y sin oídos. Solo expectante y quieto, yo mismo era un torrente de lava de cinco mil años".

No se puede conocer si las experiencias de su niñez en concreto constituyeron el germen de su especial relación con la naturaleza y su sensibilidad para entender sus mensajes, aunque él reconoce la influencia del "escenario" de la isla en su infancia en toda su obra plástica (Manrique 2005: 34). En el caso de los Jameos del agua sí se puede constatar el papel que esta experiencia tuvo para saber apreciar las cualidades plásticas del medio natural (Maderuelo 2006). Y también se puede observar el papel de esta experiencia en los Jameos del agua como ejemplo de la visionaria transformación y revalorización que realizó Manrique tanto en los Jameos del Agua como en numerosos puntos de la isla de Lanzarote. No olvidemos que el contexto en el que Manrique vive es el de una isla de Lanzarote desacreditada y considerada como la "Cenicienta[41]" de las Islas Canarias, no solo por el resto de las islas, sino incluso por sus propios habitantes que poseen una autoestima muy baja acerca de su isla. Este sentimiento viene probablemente de la visión utilitarista del medio ambiental. La isla tiene pocos recursos. Manrique sin embargo tiene otra forma de mirar. Es capaz de ver la isla como un contenedor de belleza. Sabe vislumbrar sus enormes posibilidades. Pero a la vez también es consciente de su fragilidad. Hay mucho en juego.

Manrique pasa a liderar la transformación de la isla a través de un respeto y cuidados exquisitos con su forma de ser natural. La

---

41. Manrique transformará con su trabajo y obra la connotación negativa que la palabra cenicienta tiene asociada desde el cuento de Perrault (1697), y le da una nueva dimensión, incluyendo la belleza en ella. Manrique asocia la belleza a la ceniza volcánica de Lanzarote.

puesta en valor de lo natural en Lanzarote y "la conformación de un sentimiento de autoestima"[42] de sus habitantes está asociada al trabajo y visión de Manrique[43], quien "necesita encontrar una manera emocional de expresar lo que su cuerpo siente cuando está en ella"[44]. En sus propias palabras[45]: *"Quiero extraer de la Tierra su armonía para unirla a mi sentimiento con el arte"*. En Lanzarote sucedió lo que muchas veces es difícil de encontrar y explicar: en un contexto donde socialmente no se prevé un desarrollo endógeno, aparece una figura extraordinaria, un genio y visionario líder, *genius loci*[46]. Manrique consiguió así una forma de desarrollo pionero que en pocos años cambió la valorización de la isla, y la mentalidad y autoestima de sus habitantes[47]: *"Mi primer slogan para Lanzarote fue: 'No tenemos que copiar a nadie. Que vengan a copiarnos a nosotros'"*.

Este extraordinario personaje ya desde niño tiene un sentimiento de comunión con lo natural que le hace realmente especial, que se suma a su sentimiento estético, ya que desde niño cree también que está "biológicamente predestinado a pintar y crear"[48].

A Manrique posiblemente, en sus SLE, le ocurrió lo que le sucedió a su amigo José Vela al ir a Lanzarote. Quizás es por eso que Manrique lo empatiza tan bien y describe cómo su amigo va descubriendo en Timanfaya una extraña y nueva belleza escondida, difícil de digerir, cómo se percibe una absoluta libertad y un presentimiento sobre el tiempo y el espacio, cómo escucha el silen-

---

42. Gómez Aguilera 2005: 15.
43. Maderuelo, 2006: 49.
44. Idem, 62.
45. Gómez Aguilera 2005: 15.
46. Gómez Aguilera 2005: 11.
47. Manrique 1988: 36.
48. Idem.

cio y se enfrenta con el cosmos, surgiendo un "miedo fetal, como en los espacios negros sin nada"[49].

El artista conoce secretos de la naturaleza en Lanzarote: "La isla tiene su consigna secreta y no quiere ser comprendida a primera vista"[50] y los manifiesta en esta visión de la experiencia de Vela. Secretos como el silencio, lo primigenio, la libertad, el espacio y el tiempo. No hace falta, por obvia, resaltar la espiritualidad que encierran sus palabras, con clara visión trascendente, metafísica[51]. Como se ha comentado, las SLE tienen un componente trascendente (racionalizado o no) que aquí queda de manifiesto. En palabras de Gómez Aguilera[52]: "El artista se dispone a conciliar a su respiración con la respiración del universo y a resacralizarlo". En palabras del artista: "La ley secreta del destino humano [...] radica y apunta hacia un camino de sensibilidad espiritual"[53].

¿Alguien se atrevería a negar la importancia de esta SLE en el liderazgo ambientalista de César para poner en valor la isla de Lanzarote y mostrar su enorme belleza al resto del mundo? Este acontecimiento constituyó el germen de la visionaria transformación y revalorización que realizó Manrique de la isla de Lanzarote, que ha llevado a que se la considere como un modelo de desarrollo sostenible paisajístico y natural.

49. Manrique 2005: 35-37.
50. Idem, 77.
51. Idem, 118.
52. Gómez Aguilera, 1994.
53. Manrique 2005, 56.

John Muir (1838-1914) y el significado místico de los bosques

John Muir fue un destacado e influyente naturalista, escritor y activista ambiental estadounidense, conocido como uno de los padres del movimiento de conservación en Estados Unidos. Nacido en Escocia, Muir emigró a América con su familia en 1849. Su amor por la naturaleza lo llevó a explorar y estudiar los paisajes de América del Norte, especialmente el Parque Nacional de Yosemite, donde tuvo un papel fundamental en la creación de áreas protegidas.

Muir fue un defensor apasionado de la conservación de la naturaleza y cofundador del Sierra Club en 1892, una de las organizaciones ambientales más influyentes en los Estados Unidos. Sus escritos, que combinan la ciencia con la poesía, han inspirado a generaciones a apreciar y proteger el medio ambiente. Muir falleció en 1914, pero su legado en la lucha por la conservación de la naturaleza perdura hasta nuestros días. Muir produjo una gran variedad de escritos que ayudaron a difundir su mensaje de preservación del medio ambiente. En concreto escribió varios libros sobre sus experiencias en la naturaleza, como *The Mountains of California* (1894) y *My First Summer in the Sierra* (1911), que combinan descripciones detalladas de paisajes con reflexiones sobre la importancia de la conservación de la naturaleza. También escribió diversos artículos y ensayos donde abordaba temas relacionados con la conservación y la belleza de la naturaleza. Estos escritos ayudaron a sensibilizar al público sobre la importancia de proteger los espacios naturales. Además muchas de sus cartas, dirigidas a amigos, científicos y políticos, expresaban sus preocupaciones sobre la destrucción del medio ambiente y abogaban por la conservación de áreas silvestres. En sus diarios de viaje se documentan sus exploraciones y observaciones en la naturaleza. No sólo son valiosos desde un punto de vista literario, sino que también ofrecen una visión profunda de su conexión con la naturaleza. Sirvieron como herramientas poderosas para movilizar a la opinión pública en favor de la conservación. En su obra se recoge por ejemplo que el bosque tiene "significado místico"[54]. Se hace raro pensar que puede llegar a esa conclusión si no hubiera experimentado una SLE, aunque no aparece recogida de manera explícita en sus escritos. Pero quizás pueda deducirse a través de sus citas:

> *"Ni un solo paisaje de la Sierra de los que he visto contiene nada que esté de verdad amortecido o apagado. [...] El interés rápido e inevitable que se apega a todo parece maravilloso sólo hasta que la mano de Dios se torna visible; entonces nos parece razonable que lo que le interesa a Él pueda interesarnos a nosotros".*

> *"Cuando intentamos aislar algo en sí mismo, lo encontramos amarrado a todos los demás seres del universo. Uno barrunta que un corazón como el nuestro debe de estar latiendo dentro de cada cristal y cada célula, y casi nos ponemos a hablar a plantas y animales como amistosos montañeros acompañantes".*

Como puede apreciarse, en sus citas puede deducirse el sentido de comunión, la amistad y el acompañamiento con este mundo que ocurren en las experiencias No-Duales, en las SLE.

Henry David Thoreau (1817-1862) y la vida en los bosques

Thoreau fue un filósofo, naturalista, ensayista y poeta estadounidense, conocido principalmente por su obra *Walden*, de enorme influencia para los movimientos ambientales. En *Walden* Thoreau narra su experiencia de vivir durante dos años en una

---

54. Muir, 2001.

cabaña cerca del estanque de Walden en Massachusetts. La obra explora temas de simplicidad, naturaleza, autoconocimiento y la crítica a la sociedad industrial. Thoreau fue un observador atento de la naturaleza y escribió extensamente sobre la flora y fauna de Nueva Inglaterra. Su enfoque en la conexión entre el ser humano y la naturaleza ha sido fundamental en el desarrollo del pensamiento ecológico. Promovió la idea de vivir de manera sencilla y en armonía con la naturaleza, desafiando la búsqueda de la riqueza material y el consumismo. Al igual que Aldo Leopold, Thoreau decidió irse a vivir a los bosques. Allí experimentó varias SLE. Una ocurrió en 1846 al divisar el paisaje desde el monte sagrado Katahdin, en Maine, donde muy pocos hombres blancos habían subido a su cumbre[55].

"Al día siguiente remaron y portearon y continuaron remando río arriba hasta llegar a doce millas de la cumbre del monte Katahdin (que significa la tierra más alta en la lengua de los indios de la región), el pico más alto del estado. [...] Pronto dejó atrás a sus compañeros y se adentró en una fantástica región llena de niebla y enormes rocas. Era el cuarto o quinto hombre blanco que entraba en esa zona, sagrada para los indios. Impresionado por el sublime espectáculo de la cima del Katahdin, le embargó una extraña sensación de no pertenecer a ese mundo. El paisaje no se parecía a nada que Thoreau hubiera visto antes. Percibir la materia dispuesta de una forma tan poco familiar le indujo a hacerse preguntas acerca de las cosas aparentemente más familiares: ¿Quiénes somos? ¿Dónde estamos? Thoreau se apresuró a bajar y buscar a sus compañeros para intentar contarles lo vivido en la cumbre. Fue su primera experiencia en una naturaleza completamente virgen; le pareció temible y cruel, pero también fascinante y atractiva [...]".

55. Casado, 2004, 117.

En su obra Walden, Thoreau relata una segunda SLE[56]:

> *"En medio de una lluvia suave, mientras prevalecían aún estos pensamientos, fui consciente de pronto de la dulce y beneficiosa compañía que me ofrecían la naturaleza y el repiqueteo acompasado de las gotas y cada sonido y cada imagen alrededor de mi casa, una amistad infinita e inefable como una atmósfera fortificante (...) Cada pequeña aguja de los pinos crecía y se henchía de simpatía y amistad. Percibí de forma clara la presencia de algo que tenía que ver intrínsecamente conmigo (...) y por ello pensé que ningún lugar me resultaría extraño en adelante".*

De pronto el repiqueteo de la lluvia y las imágenes de la naturaleza alrededor de su casa le abren la puerta a una realidad donde se genera una atmósfera fortificante de amistad infinita e inefable. No puede explicarse, pero siente esa amistad porque ha entrado en comunión, incluso con las pequeñas acículas de los pinos. Siente la presencia de algo que no explica, un misterio, pero que tiene que ver con él de una manera indisoluble. La comunión se ha producido porque ningún lugar le resultará extraño en adelante, está unido a la creación. Cabe resaltar que, en concordancia con su experiencia de comunión, termina llamando "parientes" y calificando de "humanos" a elementos del medio ambiente y el paisaje, tal es el grado de sensibilización que estas experiencias pueden provocar.

Rachel Carson (1907-1964) y el sentido del asombro

Rachel Carson fue una bióloga marina, escritora y conservacionista estadounidense, conocida por su trabajo pionero en la defensa del medio ambiente. Su obra más influyente, *Silent Spring*

---

56. Thoreau, 2004, 131-132.

(1962), alertó al público sobre los peligros de los pesticidas y su impacto en el ecosistema. Carson contribuyó a la puesta en marcha de la moderna conciencia ambiental. Es un claro ejemplo de cómo un libro puede provocar el nacimiento de una conciencia ambientalista, en este caso, en contra de la utilización de perniciosos productos fitosanitarios.

También escribió otro libro tremendamente influyente titulado *El sentido del asombro*. En este libro aboga por redespertar este sentido del asombro que podemos utilizar en cada momento, ya que las maravillas de la naturaleza están por doquier, a la espera de nuestra atención para entregarnos sus secretos. El poeta William Wordsworth ya apuntaba a esta cuestión en su poema:

> *Hubo un tiempo en que el prado, el bosque y el arroyo,*
> *La tierra y cada vista común,*
> *Me parecían*
> *Vestidos de luz celestial,*
> *La gloria y la frescura de un sueño.*

Lamentablemente nuestra mirada rutinaria limita en demasiadas ocasiones este asombro, por eso aboga por su redespertar. A pesar de su brevedad, puede inferirse una SLE en la siguiente frase de este libro[57]:

> *"A mí la visión de estas pequeñas criaturas vivientes, solitarios y frágiles contra la fuerza bruta del mar, me hacía vibrar las fibras filosóficas".*

Desgraciadamente no podemos ahondar más preguntando qué significa para ella ese "vibrar" de las fibras filosóficas, pero se adivina una experiencia altamente significativa.

---

57. Carson 1956, 20.

Caryll Houselander (1901-1954) y el tranvía de Londres

Caryll Houselander fue una escritora, artista y mística británica. Como escritora fue una de las más reconocidas en su tiempo, por su enfoque espiritual y su profundo interés en la vida interior y el sufrimiento humano. Nació en Londres y tuvo una infancia marcada por la enfermedad que le llevó a un relativo aislamiento que favoreció su capacidad de introspección, lo que influyó en su desarrollo artístico y espiritual. Este aislamiento fomentó su capacidad para la contemplación y la reflexión, elementos esenciales en su espiritualidad y en la creación de su arte. Su infancia incluyó momentos de profunda conexión con la naturaleza, lo que alimentó su sentido de lo divino en lo cotidiano e influyó significativamente en su espiritualidad y su obra. Esta apreciación por la belleza natural se tradujo en su arte y en su forma de expresar experiencias espirituales.

Houselander veía la naturaleza como una manifestación de lo divino. Creía que en cada aspecto del mundo natural se podía encontrar la presencia de Dios, lo que le permitió explorar temas espirituales a través de su arte y escritos. La belleza de la naturaleza sirvió como fuente de inspiración para su trabajo artístico. Pasar tiempo al aire libre en la naturaleza le brindó momentos de contemplación y conexión con el mundo. Esta experiencia la llevó a desarrollar una visión mística de la vida, donde la naturaleza se convierte en un medio para entender lo sagrado. Sus escritos gozan de profundidad teológica, aunque careciera de esos estudios. En su autobiografía *A Rocking-Horse Catholic*, describe una SLE en un tranvía de Londres, lo que confirma que las SLE no se sujetan a generalidades y aunque pueden desencadenarse a través de lo natural, también pueden desencadenarse a través de lo humano, ya que, como se ha esbozado anteriormente, lo natural y lo humano son dos caras de la misma moneda, el modo de ser de lo universal.

En ese tranvía tendrá una SLE que cambiará su vida. Después de esa experiencia fue capaz de entender que cada forma de vida tiene significado y cada vida tiene influencia en cada forma de vida. Rohr[58] considera que lo que ha ocurrido es que a partir de esa experiencia Caryll puede descubrir la Divina Presencia en cada ser vivo y en todo. Es decir, entró en comunión con la naturaleza, desde esa espiritualidad. A continuación se describe el episodio[59]:

> "*Estaba en el metro, en un tren lleno de gente en el que todo tipo de personas se agolpaban, sentadas y sujetándose de las barras —trabajadores de toda condición volviendo a casa al final del día. De repente, vi con mi mente, pero tan vívidamente como una maravillosa imagen, a Cristo en todos ellos. Pero vi más que eso; no sólo estaba Cristo en cada uno de ellos, viviendo en ellos, muriendo en ellos, regocijándose en ellos, sufriendo en ellos— sino que, porque Él estaba en ellos, y porque ellos estaban aquí, el mundo entero también estaba aquí, aquí en este tren subterráneo; no solo el mundo tal como era en ese momento, no solo todas las personas en todos los países del mundo, sino todas esas personas que habían vivido en el pasado y todas las que aún estaban por venir*".

Caryll habla de la rapidez de la experiencia, que dura un "destello de segundo" y donde se le manifiesta que Cristo está en todas partes; en Él, cada tipo de vida tiene un significado y ejerce una influencia sobre cada otro tipo de vida. "*[...] La realización de nuestra unidad en Cristo es la única cura para la soledad humana. Para mí también, es el único significado último de la vida, lo único que da significado y propósito a cada vida*". Claramente su SLE es una teofanía, que se dispara desde lo humano, al observar a las personas, que también forman parte y son medio ambiente. Sobreviene repentinamente, se le manifiesta lo divino, se le mani-

---

58. Rohr 2019, 1.
59. Wright, 2005.

fiesta que Cristo está en todas partes y une todos los tipos de vida, a la vez que da significado y propósito a la vida.

Sue Hubbell (1935-2021) inmersa en la colmena

Hubbell es una mujer que decide abandonar una rutinaria vida urbanita y su profesión de bibliotecaria. Ha decidido realizar un cambio en su vida para recuperar el sentido de su existencia. Para ello se acerca al entorno rural, a la naturaleza. Compra una granja situada junto a los bosques en los Ozarks de Misuri donde desarrollará labores de apicultura.

En la página 56 de su libro relata una SLE desencadenada por el encuentro con un superorganismo: un enjambre de abejas: *"Me encontraba junto a un retoño de roble colorado, y las abejas empezaron a posarse en una de sus ramas más bajas, junto a mi codo. Llegaban volando y descendían en remolino, formando una espiral alrededor del roble, hasta que el enjambre me rodeó por completo; el aire se movía ligeramente con el batido de sus alas. No estoy segura de cuánto tiempo estuve allí. Perdí toda noción del tiempo, sólo sentía una intensa alegría, una especie de homólogo emocional humano del estado primaveral, optimista y floreciente en el que se encontraban las abejas"*. Cabe resaltar la sensación de pérdida de tiempo, alegría y sentimiento de comunión con las abejas.

Eric-Enmanuel Schmitt (1960-) perdido y "hallado" en el desierto

Eric-Emmanuel Schmitt es un escritor y dramaturgo francés, nacido en Lyon. Es conocido por su prolífica producción literaria, que abarca novelas, obras de teatro y ensayos. Su estilo se caracteriza por la exploración de temas filosóficos, existenciales y humanos. En sus escritos nos relata la siguiente SLE[60]:

> *"Tenía 29 años, me apunté a un viaje de aventura: diez días caminando por el desierto del Sáhara y me perdí... Sí. Llegó la noche y pensé que iba a morir de miedo, pero ocurrió todo lo contrario. Me invadió la confianza, pasé una noche mística. Entré en ese desierto ateo y salí creyente".*

La experiencia relatada con brevedad apunta a un fuerte componente espiritual en la SLE, lo que lleva a una transformación rotunda para la persona, como es pasar de ser ateo a ser creyente. Cabe resaltar cómo la naturaleza, repleta en la mayoría de las ocasiones de caras amables, en otras ocasiones nos muestra una cara terrible. Y esta cara puede aparecer en cualquier momento y de manera inesperada, como ir tranquilamente a una excursión a la naturaleza y encontrarse frente a frente con la posibilidad de morir.

Ralph Waldo Emerson (1803-1882) y la voz del mar

Emerson fue un filósofo, ensayista, poeta y orador estadounidense, conocido como uno de los principales exponentes del trascendentalismo, un movimiento filosófico y literario que enfatizaba la importancia de la espiritualidad, la individualidad y la conexión con la naturaleza. Sostenía que la verdad se puede encontrar en la experiencia personal y en la conexión con la naturaleza, más que en la autoridad institucional. Emerson es recordado como un pensador visionario que desafió las normas de su tiempo

---

60. Castro, 2012, 49.

y promovió la idea de que cada persona debe buscar su propia verdad y conexión con el mundo. Su énfasis en la naturaleza, la individualidad y la autoexpresión ha dejado una huella duradera en la cultura estadounidense y en el pensamiento filosófico global. Emerson escribió obras destacadas como *Nature* (1836), un ensayo que establece las bases del trascendentalismo y explora la relación entre el ser humano y la naturaleza. Por eso ha sido denominado como *"poeta de la naturaleza"*[61]. Para Emerson *"la naturaleza es un símbolo del espíritu"*. El poeta tuvo una SLE mientras contemplaba el mar. Dirá de esta experiencia que "no la he olvidado":

> *"La canción que me contó a la luz de la luna en la playa gris de Paumanok [...] Y con ellas la clave, la palabra que surgió de las olas. La palabra de la más dulce canción de todas las canciones. Aquella palabra vigorosa y dulce que, trepando por mis pies [...] murmuró el mar en mi oído [...] Todo lo que implica egoísmo se diluye. Me convierto en un globo ocular transparente, no soy nada, veo todo, las corrientes del Ser Universal circulan a través de mi cuerpo, soy una parte o partícula de Dios".*

En esta cita Emerson relata su conexión con la naturaleza a través del mar y resalta de nuevo el sentido de comunión y de formar parte de Dios.

Posiblemente tuvo más SLE, ya que hay indicios de otra en este texto:

> *"Atravesando al crepúsculo un campo común, con manchas de nieve bajo un cielo anubarrado, sin que ningún buen augurio en especial rondara mis pensamientos, he disfrutado de una alegría perfecta, una satisfacción lindante con el amor. También en los bosques el hombre se*

---

61. Emerson, 2019, p. 37.

desprende de sus años, como la serpiente muda su piel, y en cualquier periodo de su vida es siempre un niño".

Posiblemente gracias a estas experiencias escribió acerca de la naturaleza textos realmente apreciables, con una profundidad notable, en lo que se refiere al vínculo entre lo humano y lo natural, como los siguientes:

"Si el hombre quiere realmente estar solo, que mire a las estrellas. Los rayos procedentes de esos mundos celestiales producirán la separación entre él y lo que toca. Se podría pensar que la atmósfera fue creada transparente con la intención de dar al hombre la presencia perpetua de lo sublime por medio de los cuerpos celestes".

"Si las estrellas apareciesen una noche cada mil años, ¡cómo las venerarían los hombres!".

"La razón por la que el mundo carece de unidad y yace roto y en fragmentos dispersos es que el hombre está desunido de sí mismo".

"Las estrellas inspiran reverencia, porque, aunque siempre presentes, no dejan de ser inaccesibles; pero todos los objetos de la naturaleza crean una impresión semejante cuando la mente se abre a su influencia".

"La naturaleza se viste siempre con los colores del espíritu".

"¿Qué es una granja sino un evangelio mudo?".

"En realidad, a pocos adultos les es dado ver la naturaleza. La mayor parte de las personas no ve el sol. O, al menos, su visión no pasa de ser completamente superficial. El sol ilumina tan solo el ojo del hombre, pero brilla en la mirada y el corazón del niño".

O esta última que avanza hacia el conocimiento del vínculo con lo natural, descubriendo su humanidad en cada uno de los elementos que la componen:

"La naturaleza está tan impregnada de la vida humana que hay algo de humanidad en todas las cosas, y en cada una en particular".

Bernard Berenson (1865-1959) y la neblina plateada

Bernard Berenson fue un destacado historiador del arte y crítico de origen estadounidense, conocido principalmente por su especialidad en el Renacimiento italiano. Nacido en Lituania, emigró a Estados Unidos en su infancia. Berenson se convirtió en una figura clave en la evaluación y autenticación de obras de arte, especialmente pinturas. Sus libros, como *The Italian Painters of the Renaissance*, son considerados clásicos en la historia del arte. Berenson describe una SLE en su libro *Boceto para un autorretrato*. En él describe un instante de "perfecta armonía" con la "mayor felicidad" en una unión con algo a lo que denomina "Eso". Describe esa experiencia como "éxtasis [que] me sobrevino"[62]:

> *"Al mirar hacia atrás en setenta años de conciencia y recordar los momentos de mayor felicidad, la mayoría de ellos fueron momentos en los que me perdí casi por completo en algún instante de perfecta armonía. En la conciencia, esto se debía no a mí, sino a lo que no soy, de lo cual apenas era más que el sujeto en el sentido gramatical... En la infancia y la niñez, este éxtasis me sobrevenía cuando era feliz al aire libre. ¿Tenía cinco o seis años? Ciertamente no siete. Era una mañana a principios del verano. Una neblina plateada brillaba y temblaba sobre los tilos. El aire estaba cargado con su fragancia. La temperatura era como una caricia. Recuerdo —no necesito recordar— que subí a un tronco de árbol y me sentí de repente sumergido en la plenitud. No lo llamé por ese nombre. No necesitaba palabras. Eso y yo éramos uno".*

De sus palabras puede deducirse su experiencia No-Dual, el sentimiento de unidad que le provoca la SLE, de sentirse inmerso en algo sin nombre y estar en comunión con ello, en plenitud. La

---

62. Berenson, 1949, p. 18.

experiencia, que le sobreviene de repente, dice que no necesita ser recordada, es decir, la tiene siempre presente, tal es su significatividad. Tampoco necesitaba palabras para explicarla, quizás por lo inefable de lo que él denomina como "Eso".

Henri Frossard (1900-1979) y la capilla del Barrio Latino

Frossard fue un filósofo y ensayista francés, conocido por su trabajo en la filosofía contemporánea y su enfoque en la espiritualidad. Frossard se destacó por su interés en la relación entre la filosofía y la experiencia religiosa. Era hijo de uno de los dirigentes más importantes del Partido Comunista de Francia y reconocía que nunca había oído hablar del Dios cristiano, nunca había escuchado nada de él. En el libro que recoge su vida y su experiencia, relata que un día de 1936 paseaba por París y que, sorprendido por su belleza, entró en una capilla del barrio latino de París. Era la primera vez que pisaba una iglesia. "Quedé cutivado por la presencia de Dios y salí. [...] Entré ateo y salí cristiano. [...] Yo no puedo lo que en esos breves minutos viví allí, sólo sé que lo viví"[63]. Esta teofanía provocó su inmediata conversión al catolicismo. En sus propias palabras:

> "*Habiendo entrado, a las cinco y diez de la tarde, en una capilla del Barrio Latino en busca de un amigo, salí a las cinco y cuarto en compañía de una amistad que no era de la tierra*"[64].

La temporalidad mencionada reafirma lo repentino de la experiencia. La transformación producida es total, como relata:

---

63. Domínguez, 2009, 34, 35.
64. Frossard, 2009, 12, 13.

"Entré allí escéptico y ateo de extrema izquierda, y aún más que escéptico ytodavía más que ateo, indiferente y ocupado en cosas muy distintas a un Dios que ni siquiera tenía intención de negar –hasta tal punto me parecía pasado, desde hacía mucho tiempo, a la cuenta de pérdidas y ganancias de la inquietud y de la ignorancia humanas–, volví a salir, algunos minutos más tarde, "católico, apostólico, romano", llevado, alzado, recogido y arrollado por la ola de una alegría inagotable".

A destacar también la alegría experimentada, a la que califica como inagotable.

André Comte-Sponville (1952-) y el paseo por el bosque

André Comte-Sponville es un filósofo ateo francés, conocido por su enfoque en la ética, la moral y la filosofía del amor. Es autor de varios libros influyentes, entre ellos *El espíritu de la filosofía* y *La felicidad, desesperadamente*, donde explora temas como la felicidad, el sentido de la vida y la espiritualidad desde una perspectiva filosófica. Este filósofo expone una SLE en forma de narrativa, aunque el propio texto indica que posiblemente le hayan ocurrido más SLE:

"La primera vez sucedió en un bosque del norte de Francia. Tenía 25 o 26 años. Daba clases de filosofía-era mi primer empleo- en el instituto de una ciudad muy pequeña, perdida entre campos, al borde de un canal, no lejos de Bélgica. Esa noche, después de cenar, salí a pasear con algunos amigos por ese bosque al que amábamos. Estaba oscuro. Caminábamos. Poco a poco, las risas se apagaron; las palabras escaseaban. Quedaba la amistad, la confianza, la presencia compartida, la dulzura de esa noche y de todo… No pensaba en nada. Miraba. Escuchaba. Rodeado por la oscuridad del sotobosque. La asombrosa

luminosidad del cielo. El silencio ruidoso del bosque: algunos crujidos de las ramas, algunos gritos de animales, el ruido más sordo de nuestros pasos... Todo eso hacía que el silencio fuera más audible. Y de pronto... ¿Qué? ¡Nada! Es decir, ¡todo! Ningún discurso. Ningún sentido. Ninguna interrogación. Sólo una sorpresa. Sólo una evidencia. Sólo una felicidad que parecía infinita. Sólo una paz que parecía eterna. El cielo estrellado sobre mi cabeza, inmenso, insondable, luminoso, y ninguna otra cosa en mí que ese cielo, del que yo formaba parte, ninguna otra cosa en mí que ese silencio, que esa luz, como una vibración feliz, como una alegría sin sujeto, sin objeto (sin otro objeto que todo, sin otro sujeto que ella misma), ¡ninguna otra cosa en mí, en la noche oscura, que la presencia deslumbrante de todo! Paz. Una paz inmensa. Simplicidad, Serenidad. Alegría".

Se aprecia el sentido de comunión que este autor tuvo con el cosmos, con el Todo, del que forma parte, el silencio, la luz, la alegría y felicidad afloran. Paz, simplicidad, serenidad son encontrados de repente.

Paul Claudel (1868-1955) y el único destello

Paul Claudel fue un poeta, dramaturgo y ensayista francés conocido por su profunda espiritualidad y su relación con el catolicismo, que influyó notablemente en su obra literaria. Claudel fue académico desde 1946. También fue diplomático y tuvo una carrera en el servicio exterior de Francia. Entre sus obras más destacadas se encuentran las piezas teatrales como *Tête d'Or* y *Le Soulier de satin*, así como sus poemas y ensayos que exploran temas como la fe, la existencia y la belleza. Su estilo es a menudo complejo y simbólico, y su legado ha tenido un impacto significativo en la literatura francesa del siglo XX.

Él mismo relató una teofanía, lo que Contreras[65] llama epifenómeno de conversión súbita, que le sobrevino escuchando el Magnificat en Nôtre Dame de París en 1886, cuando tenía 18 años. Esta experiencia transformó totalmente su vida e influyó vivamente en su obra. Claudel había acudido allí a encontrar inspiración para su incipiente faceta de escritor. Cabe decir que sus convicciones filosóficas por entonces incluían una animadversión por lo católico que "llegaba hasta el odio y hasta el asco"[66]:

> *"Entonces fue cuando se produjo el acontenicimiento que ha dominado toda mi vida. En un instante mi corazón fue tocado y creí. Creí, con tal fuerza de adhesión, con tal agitación de todo mi ser, con una convicción tan fuerte, con tal certidumbre que no dejaba lugar a ninguna clase de duda, que después todos los libros, todos lo razonamientos, todos los avatares de mi agitada vida, no han podido sacudir mi fe, ni, a decir verdad, tocarla. De repente tuve el sentimiento desgarrador de la inocencia, de la eterna infancia de Dios, de una revelación inefable".*

Esta experiencia se publicó en 1913 en la revista religiosa *Reveu de la Jeunesse*, bajo el título *Ma conversion*. Claudel lo califica como de "instante extraordinario" y de "único destello": "Las lágrimas y los sollozos acudieron a mí y el canto tan tierno del Adeste aumentaba mi emoción". Contreras lo califica como una "experiencia extraordinaria en la que Dios transparenta su existencia, [...] encuentro con una realidad insospechada y de suyo inefable. [...] El acontecimiento es de tal magnitud que la vida del sujeto cambia diametralmente y de forma irreversible"[67].

---

65. Contreras, 2014, 6.
66. Lesort, 1963, 53-55.
67. Contreras, 2014, 8.

Frank Gehry (1929-) y la luz

El gran arquitecto canadiense-estadounidense es conocido por el uso de materiales no convencionales y por sus diseños innovadores y escultóricos que desafían las convenciones de la arquitectura tradicional. Gehry se ha convertido en una figura emblemática del movimiento de la arquitectura deconstructivista. Algunas de sus obras más famosas son el Museo Guggenheim en Bilbao, España o el edificio-museo para la Fondation Louis Vuitton pour la Création en París. Gehry ha recibido numerosos premios, incluido el Premio Pritzker de Arquitectura en 1989, y su trabajo ha influido significativamente en la dirección de la arquitectura contemporánea. Su enfoque creativo y su habilidad para integrar el arte y la arquitectura lo han convertido en uno de los arquitectos más reconocidos y respetados del mundo.

En 1961 Gehry realizó una estancia de un año en Francia. En esa estancia experimentó varias epifanías. En sus propias palabras: *"Cuando llegué allí, ¡vi la luz! [...] Mi primera epifanía ocurrió caminando por Notre Dame [...] Cuando vi la catedral de Autun tuve otra epifanía"*[68]. Gehry confiesa que la epifanía le ayudó a tener una perspectiva social en su arquitectura. Lamentablemente este arquitecto no nos proporciona más detalles de sus epifanías, pero su expresión "¡vi la luz!" apunta claramente hacia una revelación.

José García Morente (1886-1942) y la música de Berlioz

José García Morente fue un filósofo y ensayista español conocido por su trabajo en la filosofía española contemporánea y

68. Fondation Louis Vuitton pour la création. 2009, 15, 16.

su enfoque en la relación entre la filosofía y la espiritualidad. Experimentó una teofanía en 1936 en París, escuchando la obra *L'enfance de Jesus* de Hector Berlioz. Su visión de Cristo acogiendo con sus brazos a la humanidad le produjo una transformación en su ser, una transformación tan potente que le permite considerarse a sí mismo como "Hombre Nuevo". García Morente calificó la experiencia como de "hecho extraordinario". Él mismo relata: "Una inmensa paz se había adueñado de mi alma. [...] Es verdaderamente extraordinario e incomprensible cómo una transformación tan profunda pueda verificarse en tan poco tiempo"[69].

Richard Serra (1938-) y las Meninas

Richard Serra es un destacado escultor y artista visual estadounidense, conocido principalmente por su trabajo en escultura monumental en acero. Serra ha sido una figura influyente en el arte contemporáneo desde la década de 1960. El artista tuvo una SLE, una experiencia transformativa con Velázquez en el Museo del Prado. En concreto su encuentro tuvo lugar con *Las Meninas*:

> "*fue una especie de epifanía; cambió radicalmente el rumbo de mi trabajo. El cuadro me dejó estupefacto y cuanto más pensaba en él más confuso me sentía. Me veía involucrado en el cuadro [...] Velázquez me miraba a mí*".

---

69. García Morente, 2002, 39.

David N. Laband y las sequoyas

Este investigador (2013) del Georgia Institute of Technology relata en uno de sus artículos científicos una SLE en un entorno forestal:

> *"Hace aproximadamente 20 años, mi esposa, Anne, y yo pasamos varios días visitando las Secuoyas Gigantes del norte de California. Sintiendo que éramos completamente diminutos y asombrados al mismo tiempo, acampamos entre estos árboles gigantes. Caminamos sobre el tronco casi descompuesto de uno que había caído décadas antes; durante más de 200 pies, sirvió como un camino natural elevado sobre los helechos que cubrían densamente el suelo del bosque. Estos majestuosos árboles son tan altos que no puedes ver las copas desde el suelo. Algunos de los árboles de crecimiento antiguo que quedan son anteriores a la llegada de Cristóbal Colón a las Américas. Al caminar entre estos árboles, tanto Anne como yo nos sentimos profundamente afectados espiritualmente. Hablando por mí, algo profundo en mi corazón y alma se regocijó al saber que existe una vida como ésta y que estaba en presencia de la majestuosidad de la naturaleza. Cuando finalmente muramos y nos vayamos de este mundo, nuestras almas vivirán entre las Secuoyas".*

Esta experiencia con las gigantes Secuoyas en el norte de California parece realmente conmovedora. La majestuosidad de esos árboles, que han estado allí durante siglos, tiene la capacidad de dejar una huella profunda en el alma. La conexión espiritual que se describe es algo que muchos sienten al estar rodeados de la naturaleza en su forma más salvaje y pura. Es un recordatorio de la belleza y la grandeza del mundo natural, y de cómo nos invita a reflexionar sobre nuestra propia existencia.

En fin, en este capítulo se ha querido mostrar de manera concreta varias SLE que han producido importantes cambios en diversos autores reconocidos. Pero estas experiencias obviamente no están limitadas a artistas, escritores, ambientalistas y genios. Al contrario, como dicen Vinning and Merrick[70], y puede refrendar Robinson y Hoffman[71] con sus investigaciones, las SLE son "acontecimientos comunes" que pueden ocurrir a todas las personas, también autores influyentes, pero también a cualquier persona, que tienen gran capacidad significativa para producir cambios personales y que pueden incluir un componente espiritual o trascendente. O quizás, de manera un poco aventurada, podríamos decir que los incluye siempre, sólo que, en ocasiones, esta dimensión espiritual no es reconocida ni descubierta por la persona que las experimenta.

70. Vinning and Merrick, 2012, 485.
71. Robinson, 1977; Hoffman, 1992.

VI

SLE como acontecimientos comunes

Le véritable voyage de découverte ne consiste pas à chercher
de nouveaux paysages, mais à avoir de nouveaux yeux.

Marcel Proust

Las SLE que se han descrito en el capítulo anterior simplemente son una muestra de las posibilidades que ofrecen. Quizás
sea la punta del iceberg. No lo sabemos. Lo que sí existen son estudios científicos que apuntan a que las SLE son acontecimientos
comunes, más frecuentes de lo que podríamos pensar. Entre los
estudios científicos publicados que refrendan esta tesis se encuentra, por ejemplo, el realizado por la antropóloga Edith Cobb en
el año 1959. En este estudio analizó la autobiografía de más de
trescientos escritores europeos y encontró que la mayoría habían
tenidos experiencias similares en la naturaleza en su infancia que
consistían en un sentimiento de "discontinuidad" en el que se hacían conscientes de su propia identidad y, al mismo tiempo, un
sentimiento de "continuidad", de unidad con la naturaleza, estados característicos de las SLE.

Otro estudio que parece especialmente relevante es el realizado
por Edward Robinson en 1977. Estudió una muestra de personas
que habían sentido que sus vidas habían sido de alguna manera
afectadas por algún poder más allá de sí mismos. Obtuvo cuatro
mil respuestas, de las que un 15% describieron experiencias en la
infancia y una proporción significativa ocurrió en la naturaleza.

Un estudio similar fue realizado por Hoffman en 1992 en el que su pregunta fue: "¿Podrías recordar una experiencia de tu infancia (antes de 14 años) que pudiera ser llamada como mística o intensamente espiritual?" Los resultados fueron similares. Cabe destacar que muchas de estas personas, cuando tuvieron estas experiencias en la infancia, no encontraban la manera de explicar a sus padres lo que habían experimentado, lo que refrenda lo inefable que pueden ser estas experiencias. A modo de ejemplo, se muestra el relato de una de las personas estudiadas por Robinson y publicadas en su libro *The Original Vision: A Study of the Religious Experience of Childhood*[1]:

> *"Cuando tenía unos once años, pasé parte de unas vacaciones de verano en el Valle de Wye. Despertándome muy temprano una mañana de primavera, antes de que nadie en la casa estuviera despierto, dejé mi cama y fui a arrodillarme en el asiento de la ventana, para mirar sobre la curva que el río hacía justo debajo de la casa... La luz del sol de la mañana brillaba sobre las hojas de los árboles y sobre la superficie ondulante del río. La escena era muy hermosa, y de repente sentí que estaba al borde de una gran revelación. Era como si hubiera tropezado sin querer con un lugar donde no se me esperaba, y estaba a punto de ser iniciado en algún maravilloso misterio, algo de indescriptible significado. Entonces, de repente, la sensación se desvaneció. Pero durante los breves segundos que duró, supe que de alguna manera extraña, yo, el "yo" esencial, era parte de los árboles, de la luz del sol y del río, que todos pertenecíamos a una gran unidad. Me quedé lleno de exaltación y júbilo espiritual. Esta es una de las experiencias más memorables de mi vida, de una calidad bastante diferente y de mayor intensidad que el repentino levantamiento del espíritu que a menudo se puede sentir al enfrentarse a la belleza en la Naturaleza".*

1. Robinson, 1977.

En sus escritos Robinson se refiere abiertamente al "Misticismo de la naturaleza". Quizás Robinson hubiera experimentado una SLE en su infancia y ese fue el motor de la realización de sus estudios. Quién sabe. En cualquier caso, a través de sus estudios podemos conocer muchos aspectos sobre las características, tipología y consecuencias de las SLE. Esta acepción de que las SLE son experiencias relativamente comunes llama poderosamente la atención porque cada persona que la experimenta encuentra una especie de revelación del misterio, una llamada mística, absolutamente especial y de carácter totalmente personal.

Por ejemplo, en el libro de José Miguel Cejas *El baile tras la tormenta* se recogen diversos testimonios de disidentes de los países bálticos. Uno de ellos nos relata una SLE en forma de teofanía experimentada por Lagle Parek en la iglesia de las Brigidinas, en Roma, que la percibió como una llamada mística personal[2]:

> *"Mientras rezaba comenzaron a cantar las monjas en el coro. No las veía: solo escuchaba sus voces a mi espalda. Y en aquel instante Dios me concedió una gracia muy especial. Comprendí que lo que buscaba dentro de mi corazón era el catolicismo. Sí, quería ser católica; y en concreto, deseaba colaborar durante el resto de mis días en todo lo que pudiese con las brigidinas. Fue una luz interior poderosísima; una certeza que se me quedó grabada a fuego dentro del alma".*

En ese mismo libro de Cejas,[3] Lembit Peterson nos relata otra SLE, aunque es mucho menos descriptiva. En concreto dice:

> *"Y atravesé una larga noche oscura de la que no quiero hablar. Solo diré que en aquellos momentos de zozobra recurrí a Dios con todas mis fuerzas y me respondió".*

2. Cejas, 2014, 161, 162.
3. Idem, 165.

Se hace raro pensar que algo tan realmente especial pueda ser común y que sea experimentada por muchas personas. Es como una llamada personal y, por eso, se siente como si fuera exclusiva. Pero en realidad no lo es. La SLE no deja de ser un acontecimiento que puede ser experimentado por cada persona, por el hecho de ser persona. Esto es coherente con la visión de un Dios que nos ama y para el que somos importantes hasta el punto de, respetando nuestra libertad, y, según su consideración, nos manifieste un aspecto de su Vida y nos realice una llamada al alma, utilizando para ello en muchas ocasiones la naturaleza. Es como si de alguna manera tuviéramos la posibilidad de que en nuestra vida, mayoritariamente a través de algún elemento de la naturaleza, Dios nos realizase algún toque de atención, una llamada directamente a nuestra alma, una manifestación suya que nos focalizase con lo realmente importante en la vida, que nos pusiera en onda con nuestro propósito verdadero. Y digo verdadero porque, como se describe en el primer capítulo, de alguna manera somos especialistas en desviarnos de él, o de confundirnos, o en difuminarlo, o en olvidarlo, o en dar el papel de "Propósito en nuestra Vida" a algunos otros propósitos secundarios, adventicios o espurios. Es por eso que las SLE no son predecibles, ni reproducibles, ni aparecen a voluntad, sino que ocurrirán cuando la mano de Dios se haga visible, cuando Dios nos mire. Y esto ocurre también en personas ateas, que pueden bien convertirse (como ocurrió con el caso quizás más conocido, el de san Pablo), o bien pueden achacarlo a alguna otra causa que no sea Dios, por ejemplo, la propia naturaleza, un poder superior, pero no reconocido como divino, una potencialidad humana hasta entonces no experimentada, o incluso incorporar la experiencia y sus consecuencias sin hacerse problema al no poder explicar su origen.

¿Pero son realmente acontecimientos comunes en mi entorno?

Con la humilde pretensión de contribuir a esclarecer si realmente las SLE son acontecimientos comunes, decidí que la mejor manera de averiguarlo era investigar en personas reales de mi entorno próximo. Quería explorarlo y diagnosticar si realmente las SLE ocurrían de manera relativamente frecuente. Además quería profundizar en su estudio. Para ello diseñé un instrumento de medición en forma de cuestionario que recogía datos tanto cuantitativos como cualitativos. Me puse manos a la obra y durante un año decidí ir comentando, a las personas de mi entorno próximo, mi intención respecto a las SLE y les pregunté si habían experimentado alguna. Para mí fue totalmente sorprendente recoger 17 SLE de entre las personas con las que contacté. Tras aplicar el instrumento de medición en forma de encuesta, respondida por 15 de los encuestados, se obtuvieron los resultados que se exponen a continuación.

Naturaleza e intensidad de la experiencia

El 93 % cree que su experiencia podría calificarse como una experiencia espiritual (solo un caso no la consideró como espiritual). En cuanto a la valoración de la intensidad de la experiencia, la media obtenida es: 9,5. Su moda es el valor máximo 10 (11 encuestados cuantificaron con 10). Estos datos hacen que se considere la percepción de estas experiencias espirituales en la naturaleza como de gran intensidad.

Elementos desencadenantes de la experiencias espirituales en la naturaleza

Se desencadenó a través de elementos como: *Una vista de la cadena montañosa en la Sierra de Guadarrama, Rebeco, Aves y nutria,*

*El hayedo, El amanecer, Las vistas del monte San Donato, El verde
de la primavera.*

Distorsión del tiempo

El comienzo de la experiencia espiritual fue repentino para
el 80% de los entrevistados (12 personas). Un 86% perdieron la
noción del tiempo: 7 completamente y 6 más o menos. Algunas
respuestas parecen sugerir que la percepción del tiempo se distor-
siona: "En su mayor intensidad, los primeros momentos en que
sientes y aceptas la vivencia, no creo que fuese larga, pero su duración como efecto varias horas."; "Minutos. Desde 5 hasta 40" o
"Minutos. Desde 2 hasta 15; pero no estoy seguro".

Permanencia

El 100% creen que lo recordarán toda su vida, con una gran
intensidad, de media 9,6. Es representativa la respuesta que indica
que su experiencia quedará *"grabada a fuego en el corazón para toda
la vida"*.

Grado de emotividad

El grado de emotividad de la experiencia tuvo una media de
8.5. La moda es 10 (10 valores). En el 53% de los casos el sentimiento les provocó el llanto, lo que puede indicar el alto grado de
emotividad. Por ejemplo en una entrevista se recoge: "[…] todavía
se me humedecen los ojos al evocarlo)".

Cambios significativos ambientales y espirituales

Las experiencias espirituales produjeron una aguda conciencia de algo nuevo en 13 personas (86%). En cuanto a la producción de cambios significativos, ha provocado cambios significativos "en su ser" al 93%, y "en sus acciones" al 79%. El 71% creen que serán cambios permanentes para toda la vida. La valoración de esos cambios es de 8,7 de media. La moda es 10, con 6 valores. En el 71% de los casos se habían provocado cambios en la relación o percepción con el medio ambiente. La valoración de esos cambios es de media 9.40. La moda es de 10 (6 valores).

En el 86% de los casos creen que esta experiencia les ha producido algún cambio espiritual y los valoran con una intensidad media de 8.9. La moda es de 10 (6 valores). Se indican apreciaciones que apuntan a estos grandes cambios como:

"Todo mi estar en el mundo ha cambiado, mi actitud y predisposición, mi alegría […] y como consecuencia, mis proyectos, amores y el sentido mismo que otorgo a todas las cosas. Vivo enorme y diariamente agradecido y volcado hacia lo que no soy yo mismo".

"Sentimiento de Amor universal, de pertenencia y comunión con toda la Humanidad y con el medio ambiente".

"Cambio espiritual en cuanto a la percepción de todo. Pienso que nos quedamos tan lejos a la hora de estudiar e interpretar el medio, cuando trabajamos o realizamos nuestros proyectos, ya que estudiamos las cosas que pasan con una razón centrada exclusivamente en lo científico, intentamos descifrarlo todo desde ese punto de vista y por supuesto que es importante, pero se queda incompleto… También creo que nos desconectamos como especie del todo porque quizá llevamos mucho tiempo viendo el todo desde ese punto de vista y ya no sabemos verlo desde el lado espiritual de las cosas…Llegar a esto sin las experiencias que experimenté, creo que todavía pensaría que únicamente las nutrias o las aves nacen, se reproducen y mueren".

"... Entender mucho mejor la vida".

"Buscar lugares cercanos a las montañas para rezar o sentirse más cerca de Dios en estos paisajes".

"Me volví creyente en Dios".

"Respeto, identificación con los demás".

"Esta experiencia, junto a otras que he vivido, me han hecho más espiritual y me han acercado más a Dios".

"Intensificación de la conciencia de Dios y de la necesidad de orar".

"Firmeza en la fe".

"Buscar lugares cercanos a las montañas para rezar o sentirse más cerca de Dios en estos paisajes".

Capacidad de sensibilización

De entre las formas de concienciación y sensibilización ambiental, al 86% no se les ocurre otra forma más potente en cuanto a durabilidad e intensidad. Una respuesta indicó: "...cuyos efectos duran y duran y duran".

Algunos sentimientos: unidad con la humanidad y el medio ambiente, bienestar, paz y alegría

Las SLE provocaron un sentimiento de unidad con la humanidad y el medio ambiente en el 100% de los encuestados. La valoración del sentimiento de unidad es de 9.8. La moda es de 10 (12 valores). En cuanto a la profundidad y complejidad de esta experiencia cabe comentar aquí la limitación que algunas preguntas de la encuesta que rellenaron (el instrumento de recogida de datos) tienen respecto de lo experimentado en las experiencias espirituales en la naturaleza. En el caso de esta pregunta, un encuestado apunta:

"...sentimiento es palabra pobrísima, incluso ridícula y que anima a la superficialidad. Y además porque la experiencia la tuve no tanto de comunión con lo ambiental, sino que me parece que me acercó a la Vida misma sin intermediación de lo material o ambiental, pero comprendiéndolo".

También se percibe un sentimiento de bienestar en el 93% de los encuestados. La valoración de este sentimiento de bienestar es de 9.4. La moda es de 10 (10 valores). Se añade un sentimiento de paz en todos. Su valoración cuantitativa es de 9.7. La moda es 10 (11 valores). Un testimonio indica "...paz a la vez (y ya sé que es difícil de entender) que una sensación de serena (insisto: serena) excitación (sí: excitación), por ser consciente de lo trascendente de lo que acababa de entender". En cuanto al sentimiento de alegría, fue experimentado por el 93% de los encuestados. Su valoración cuantitativa en cuanto a la intensidad es de 8.6. La moda fue de 10 (8 respuestas con este valor).

Grado de aislamiento

De los entrevistados, 8 de 11 tuvieron sensación de aislamiento. De éstas, 6 personas valoran en 10 su grado de aislamiento. Aparece una respuesta como "Sí solo. Pero quién sabe si en el sentido de todo menos solo frente a Dios".

Ayuda individualizada

Las 15 personas valoraron sus experiencias en la naturaleza como una ayuda en su vida, y valoraron el grado de ayuda en 9.3. La moda es 10 (7 valores).

Algunos testimonios íntegros

A continuación se exponen algunos de los testimonios recogidos en el estudio de manera íntegra, aunque no todos los casos quisieron contar su episodio, como en el caso del número 01, que respondió: *"Amigo... no: queda para la intimidad"*.

Caso 02/17

Mi experiencia tuvo lugar en octubre de 2011. Por entonces, me encontraba trabajando como abogado penalista en un gran despacho de la capital, encargándome particularmente de la llevanza de asuntos relacionados con la delincuencia económica y empresarial. Con otras palabras: evitaba que banqueros y empresarios pagaran por sus excesos. Vivía solo, en un bonito y caro piso a veinte minutos en metro del trabajo. Cobraba más de medio millón al mes de las antiguas pesetas y pasaba una media de doce horas al día enfrente de un monitor de ordenador, en un edificio prefabricado que albergaba a otros 600 colegas. Por si fuera poco, disfrutaba de la compañía de una prometida preciosa, inteligente y trabajadora, que de hecho ejercía también como abogada en otro gran despacho de Madrid.

Con todo, no podía evitar odiar profundamente mi vida. Tenía todo lo que familia y amigos aspiraban a tener y esperaban que tuviera. Mi existencia era insufriblemente cómoda. Lloraba cada mañana en la ducha, y cada noche al acostarme. Pesaba 54 kilos y tomaba pastillas para poder conciliar el sueño durante algo más de 4-5 horas. Después de dos carreras, un doctorado, seis libros escritos y cientos leídos, no entendía absolutamente nada. Todo me era ajeno: las aspiraciones siempre materiales de mi pareja, los conflictos económicos de mis clientes... Con ocasión de una escapada a la sierra, dándole vueltas, caí en que el grueso de mis relaciones personales no eran humanas, sino efervescentes. No conocía a mi chica, poco o nada me importaban las expectativas de mis padres y amigos y nunca empaticé con los "triunfos" de/ para mis clientes. Algo no iba bien; llevaba tiempo siendo insincero conmigo mismo.

Una mañana tomé la determinación de dejar el despacho, a mi pareja y Madrid. Tenía que dejarlo todo, derribar desde los cimientos el edificio que me había construido y reinventarme en una vida de servicio. Por lo pronto, y ante el temblor que me producía el abismo, me eché a la montaña. Pensé en hacerme guía.

Pues bien, una semana antes de presentarme a las pruebas técnicas y de esfuerzo para la obtención el título de técnico deportivo de montaña, decidí que sería una buena idea planificar una salida a la montaña con el objeto de reconocer el terreno que iba a servir de escenario para dichas pruebas. Este no era otro que el monte Abantos, situado en la localidad madrileña de El Escorial.

Aquel día apenas dormí, atizado por dolores de riñón –suelo padecer de cólicos nefríticos–. Afuera llovía intensamente y el ruido de la lluvia era bálsamo e inquietud a un tiempo. A las 6.50 horas, aburrido, me enfundé las botas, arranqué el coche y salí, todavía en plena noche, hacia El Escorial. Cuando llegué al polideportivo municipal, todavía amanecía. No había un alma, y la mía no conocía el camino a la cima. Eché a andar, y no pocas veces me equivoqué en mi camino para regresar y emprender nuevas vías. El día era húmedo y plomizo. Cuando sobrepasé el hayedo de la antecima y me encaramé al bloque calizo que sobrevolaban unas aves negrísimas, era ya media mañana. Al cabo de una trepada final algo angosta y resbaladiza, me percaté de que había subido la cumbre equivocada. El Abantos apuntaba al cielo a mi izquierda. Recuerdo que me senté, colgando mis piernas precipicio abajo, y traté de busca las torres de Florentino en la lejanía. Respiré hondo y me relajé unos minutos. Al poco, ante la amenaza de lluvia y algo destemplado, resolví bajarme de vuelta al aparcamiento. Cuando terminaba de destripar el peñasco cimero, rompió a llover súbita e intensamente. Corrí ladera abajo hasta la arcada y una vez guarecido en el hayedo de la antecima, me detuve para recobrar el aliento unos minutos. El agua apenas llegaba al suelo; se quedaba resonando en ramas y copas armónicamente. De pronto, de entre el ejército de troncos, uno que parecía doblado y caído sobre el terreno se irguió para clavarme la mirada. Se trataba de un joven rebeco, al que había interrumpido en su almuerzo. Desde su pardo abrigo de perlas, me observaba sin dejar de masticar sus hierbas. Los dos nos miramos. No habría más de diez metros entre ambos, pero no parecía asustado por mi presencia. No sabría decir durante cuánto tiempo nos miramos; simplemente, dejé de oír la lluvia y de sentir la humedad en mis pies. Rompí a llorar, tanto que lluvia y lágrimas eran un único caldo resbalando en mis comisuras. Lloré mucho, desconsoladamente, sin saber por qué. Después, el rebeco se giró y desapareció de la escena a grandes saltos. Yo volví a sentir la lluvia, a escucharla, y me invadió un profundo sentimiento de gratitud. Ya era libre. Me había despojado de todas mis capas una a una, y ahora casi podía flotar. No tenía pesares y estaba lleno de energía; lleno de una alegría calma.

Desde aquel día todo cambió en mi vida. Y todavía hoy no sabría explicar qué y por qué me pasó aquel día. He vuelto a experimentar aquel estado en dos ocasiones desde entonces: la primera, dos meses después, cuando el 3 de enero de 2012 a las 9.20 de la mañana hice cima en el monte Toubkal del Alto Atlas marroquí, el techo del Magreb (4.200 m.). La segunda, hace relativamente poco tiempo, tal vez 3 meses, cuando me asomé al balcón del Castellar de Leyre, en el que yacía una cruz metálica de 3 metros seguramente derribada por el temporal.

La primera de esas veces, iba acompañado de Larbi, un bere-ber que me acogió en su hogar y me acompañó en la escalada. La segunda, iba con mi jefe y un amigo. Esta última fue breve, de menor intensidad y se vio interrumpida justamente por mi jefe, que se acercó para sentarse a mi lado. No creo que llegara a percibir mis lágrimas.

Caso 03/17

Fue en Galapagar. Tenía delante de mí la Sierra de Guadarrama. Caminando en dirección a las montañas y elevando la vista al cielo, todo en su conjunto me hizo sentir interiormente lo que es la Libertad. Entendí, así puedo expresarlo, a pesar del misterio, lo que es la libertad. Lo recuerdo como si me estuviera pasando ahora, aun después de veinte años. Sentí plenitud, alegría interior, paz, y comprendí que la libertad era un estado interior que, en ese momento, se me permitía experimentar.

Caso 06/17

Estaba aturdido y algo confuso respecto de la fe, en bastante sequedad, y en un momento en soledad/desierto en el contexto de una Pascua, y en el monte (monasterio de Iranzu) estuve un rato escuchando a un pájaro y un bienestar grande me abordó. Tuve sentimientos de paz, armonía, comunión, paz… No recuerdo muy bien cuanto tiempo duró...

Caso 07/17

Subir por hayedo en caso de soledad, una vez en la cumbre en compañía. Sensación de elevación corpórea, sensación de pérdida de la temporalidad, sensación de integración en la Creación, sensación de sentido de vida intenso, alegría, nueva mirada ante los demás, deseo de conocer, deseo de cantar, seguridad y confianza, pensamientos que ayudan a comprender a los de tu entorno, etc.

Caso 10/17

Últimamente he estado leyendo libros de ficción ambientada en la prehistoria y sobre la convivencia de dos especies del género "Homo". Ambas se adentran en el mundo de los espíritus y en ambas los hijos de la gran madre somos todos...

En mi caso personal, con la nutria tuve contacto visual y con el tiempo he llegado a la conclusión de que experimenté la aceptación. Tras semanas realizando el mismo transecto de río (un estudio sobre nutrias), una mañana tuvimos un encontronazo casual. Pienso que primero la observé yo, buceando buscando algo de comida y cuando salió a la superficie la casualidad hizo que se encontrara cara a cara conmigo. Enseguida tuvimos contacto visual e interpreto su primera reacción de sorpresa en sus ojos, después creo que tuvo curiosidad "porque me reconoció" y después se sumergió y se fue despacio, sin ninguna prisa delante de mí. Mientras tanto yo inmóvil.

Estoy seguro que todos los días que estuve en el río (que fueron muchos), en la mayoría me observó y en ese día la casualidad hizo que nos encontráramos... ¿Por qué no huyó? ¿Por qué se quedó unos segundos mirándome? ¿Por qué se fue despacio?

Como ya he dicho, mi conclusión es que me aceptó. Durante días me observó y comprendió que no le suponía amenaza alguna y por eso se quedó observándome, porque me reconoció y me aceptó como parte del medio, parte de su hábitat, parte del río... Creo que los sentimientos que tuve después de aquel contacto visual van centrados en ello, aunque en un primer momento no lo comprendiese bien... creo que sentí con todo lo que se puede sentir, que formo parte del todo y que todo está conectado para su funcionamiento.

En los libros hablan del espíritu del oso cavernario, el león, el ciervo y los respetan y en algunos casos los veneran, porque todos venimos de la gran madre, todos compartimos un mismo origen... En su mirada no solo observé inteligencia, también observé lo que quizá llamamos espíritu. Creo que nos falta creer en la palabra aceptación (por parte nuestra con el entorno) para llegar a un nivel de respeto y comprensión total, como la aceptación que me regaló la nutria.

En el caso de las aves fue diferente, no tuve contacto visual directo frente a frente sino fue puro placer contemplar la migración desde lo alto de una colina. Fue un placer observarlos como se dejaban impulsar por el viento, sinceramente percibí que disfrutaban de lo que estaban haciendo, se acercaban tan cerca de mí que incluso pude observar el color rojo típico del iris. En cuanto pasaba un insecto se dejaban caer y lo atrapaban con elegancia y yo en lo alto contemplándolo tan cerca... el tiempo también se ralentizó. Ves con claridad lo que está sucediendo y te ves dentro de ello, formando parte de ello como si antes no lo supieras o no lo pudieras ver... En este caso sentí necesidad de compartirlo con mi pareja, que no se encontraba en ese momento, para verlo o sentirlo junto a ella.

Cuando pasa es como si despertases, algo cansado pero muy relajado, muy pensativo de lo que ha pasado... muy intenso. Con el tiempo analizas y vas limando la experiencia que en su momento fue muy limpia, muy clara... ves y te ves y te sientes aliviado...

Caso 11/17

Desde hace algunos años estoy sufriendo una simple, pero muy molesta enfermedad para mí, que en lugar de mejorar se está complicando y dándome quebraderos de cabeza. Esto, unido al estrés diario, la familia, el trabajo, los estudios, la crisis y demás preocupaciones que todos aguantamos, me llevó a una situación de tristeza y ansiedad por la que decidí empezar con ayuda psicológica. Unas pocas sesiones que me han aliviado y me han iluminado totalmente (aunque parece fuera de lugar creo que sin esta explicación no se entiende mi experiencia). Con este cuadro de tristeza, que ha tenido momentos muy bajos, mi terapeuta me facilitó unas técnicas de aceptación y perdón para poder entender y vivir mi día a día desde otra perspectiva. A través de la repetición de unas frases muy personales y la concentración en el perdón y aceptación de mi enfermedad viví esta experiencia.

Tuve un pequeño entrenamiento en terapia, el 29 de noviembre de 2013, donde comprendí el proceso que debía seguir, y al día siguiente, el 30 de noviembre, por la mañana, sin buscar nada y con muy poca fe en lo que iba a hacer, traté de reproducir y sentir con sinceridad lo que la psicóloga me había dicho.

La piscina es un lugar que me relaja y me trae muy buenos recuerdos, voy siempre que puedo, creo que mi subconsciente transporta mi mente a algún recuerdo lejano en el que yo me siento en calma y desde luego esa fue la clave.

El sábado 30 fui a la piscina, me puse a nadar y sin darme cuenta mi mente desconectó. Comencé a repetir mi pequeña oración personal, a sentir mi enfermedad y a aceptar, agradecer y perdonar.

Quien está acostumbrado a nadar creo que estará de acuerdo conmigo en que es un momento muy íntimo. El agua te aísla del ruido y de la gente, y además a mí me relaja. El aislamiento hace que te centres en tu cuerpo, escuchas tu propia respiración, sientes el movimiento del agua e incluso hay momentos en los que hasta eres consciente del latido de tu propio corazón. La brazada produce un ruido de fondo mecánico que marca el ritmo y me facilita la concentración.

Tengo que decir que yo no puedo situar la Epifanía en un paisaje maravilloso, ni siquiera había paisaje, aunque la belleza depende de los ojos con los que se mire, ¿no? Hay momentos en los que nado con los ojos cerrados, pero el recuerdo de aquel día es el de mis propios brazos en el agua. Cada brazo que entraba en el agua arrastraba pequeñas burbujas de aire que al contacto con el agua se desprendían y flotaban hasta mi cara, me hacían cosquillas y realmente fue una visión maravillosa, la luz crea diferentes tonos en las baldosas, y el agua y el movimiento del agua y las burbujas crearon un paisaje de ensueño. Una iluminación de luces y sombras imposible de reproducir. Yo me sentí totalmente aislada del entorno y muy conectada conmigo misma.

Sin darme cuenta había pasado más de una hora y me llenaba una alegría superior a cualquier sensación que he tenido nunca. No sentí necesidad de llorar, al contrario, estaba en un estado superior, todo era armonía y perfección. Un estado emocional totalmente equilibrado, no había discordia en nada. Todo era comprensión y alegría. Me quedé en la piscina flotando alrededor de diez minutos, disfrutando de aquella sensación y cuando salí sólo quería contar y compartir con el mundo mi experiencia. Se me hizo complicado contenerme. Necesitaba reír, gritar, contar, compartir, abrazar... Todo lo que vino después tuvo una consciencia especial, el andar, la ducha, el saludo a la gente, todo lo viví desde una consciencia de sentir y disfrutar que no he conocido nunca. Traté de compartirlo con mi pareja, con mis amigas, pero no conseguía transmitir la sensación en su totalidad. Me encontraba con un muro que me frustraba y la sensación de ridículo era muy grande. Creo que no me comprendían, ¿cómo explicas que has sentido lo afortunada que eres por poder disfrutar de algo tan simple como una ducha, del agua, de la gente...?

La sensación fue disminuyendo pero durante algunos días no había ningún suceso que creara preocupación en mi vida, todo era genial, armonía y equilibrio. Además aquella semana viví una mejoría inexplicable en cuanto a mi dolencia. Yo lo he entendido como un pequeño milagro, igual que ocurren sanaciones milagrosas en pacientes con enfermedades sin cura.

Caso 12/17

Me ocurrió durante una jornada de caza. Yo tenía unos 20 años y estaba acompañado por uno de mis primos (de mi edad), con quien solía compartir este tipo de jornadas.

En algún momento de la mañana, nos separamos para abarcar más terreno. Entonces saltó una perdiz. Yo no era un buen tirador que se diga, pero esa vez disparé y acerté. Cuando llegué hasta donde había caído la perdiz, con intención de recogerla, vi que no estaba muerta, sino que agonizaba aleteando patas arriba en el suelo, mientras le salía sangre por el pico.

Otras veces había recogido piezas de caza en estas condiciones (moribundas) y siempre había sentido tristeza al hacerlo, pero esa vez me impactó de verdad. Tomé consciencia, creo que por primera vez, de que acababa de arrebatar a un ser vivo, lo más preciado que tiene: su vida. Y esto había ocurrido –simplemente– porque yo llevaba un arma cargada y ella se había cruzado en mi camino. No había otra razón y eso convertía la escena en algo absurdo y triste.

El ave murió finalmente en mis manos. La guardé en el chaleco y seguí la jornada, pero ya había cambiado algo.

A partir de entonces empecé a cuestionarme más en serio porqué cazaba? Qué tipo de experiencia personal obtenía con ello? Cuáles eran las consecuencias que se derivaban de esto? Enseguida comprendí que no había nada que justificase quitarle la vida, de ese modo tan gratuito, a un ser vivo. Así que, dejé de cazar.

Desde entonces, siempre he intentado que mi contacto con el medio natural sea constructivo y no destructivo, que pueda disfrutar realmente de lo que hago y lo que experimento y si algo me hace sentir mínimamente mal, aunque no sepa exactamente qué es lo que pasa, lo tomo como un indicio de que algo no funciona bien y conviene replantearse la actividad en cuestión.

Esta fue, más o menos, la experiencia que viví. Incluso ahora que la escribo, siento cierta congoja al recordarla, aunque ya han pasado catorce años. Las imágenes siguen frescas en mi memoria.

Caso 15/17

Participe en una marcha montañera (Las Tres Ermitas) y al llegar al alto de la Sierra de Andia, en una zona llana, comencé a correr. Estaba amaneciendo, era un día precioso con la primavera explotando, y verde intenso en los pastizales. Desde el punto en el que me encontraba se veía toda la sierra, abrupta y salvaje, impresionante. Este conjunto de elementos, me introdujeron, sin darme cuenta, en un estado de bienestar completo. No pensaba, sólo sentía, y me sentía muy bien. Completamente realizado, feliz y en armonía con la naturaleza. Fue una experiencia breve pero muy intensa. Para recordar toda la vida. Esta experiencia no ha provocado cambios en mi vida, porque ya llevo tiempo viviendo en coherencia conmigo mismo, pero me ha hecho más espiritual.

Caso 16/17

Sucedió con el nacimiento de mi primer hijo.

Se trata de algo indescriptible. De esto hace ya 16 años y medio, pero cuando lo recuerdo, me estremezco, me emociono y me saltan las lágrimas.

Me sentí fuera del espacio y del tiempo, fuera del paritorio, fuera de aquel momento, de aquel alboroto, de aquel dolor físico… y tenía la absoluta certeza de haber recibido un grandísimo regalo. Aquello no era mío. ¡Me sentí la persona más afortunada del planeta!

Cuando pusieron a mi hijo en mi pecho desnudo, sólo podía llorar… No podía dejar de llorar y agradecer lo que me estaba ocurriendo. Llorar y dar gracias.

Caso 17/17

Ocurrió hace unos 35 años, cuando yo tenía unos 25. Había terminado mis estudios universitarios y sin saber muy bien hacia donde orientar mi vida me había retirado en una casa de campo de la familia, situada en el pre-Pirineo. Se trataba de un valle plácido, rodeado de montes cubiertos de bosques y salpicado de ermitas románicas, muchas de las cuales estaban situadas en lugares privilegiados. Llevaba un año viviendo solo, con un fuerte anhelo de búsqueda espiritual. Leía bastante, trabajaba el huerto, realizaba algún trabajo remunerado esporádico, y, sobre todo hacía muchos paseos en silencio y soledad, reflexionando sobre el sentido de la existencia

La experiencia epifánica (prefiero llamarla teofánica) se repitió varias veces, en un período de medio año, aproximadamente. La secuencia fue la misma, cada vez y constaba de cuatro partes:

1. Me despertaba en plena noche, completamente descansado, con un impulso que me obligaba a vestirme y salir andando, en ayunas.
2. Andaba un tiempo variable, a oscuras, sin ninguna linterna, guiado por la intuición en una dirección cualquiera, que yo mismo ignoraba, cada vez distinta.
3. Al cabo de un tiempo variable de marcha, por senderos de bosque, entre 1 y 3 horas, llegaba al lado de una ermita románica solitaria…

4. El caso es que llegaba allí justo en el instante preciso en que el sol salía por el horizonte (ni un minuto antes, ni uno después) un día despejado.

La primera vez que ocurrió, me emocionó la 'coincidencia'. La segunda supe que era una gracia, un mensaje de Luz que me estaba destinado. La tercera caí de rodillas y retomé la oración personal, que había dejado abandonada durante un tiempo de confusión. La última vez el día era nublado, pero cuando llegué al lado de la ermita –aquella vez era una ruina en la cima de un monte– se despejó el horizonte por el este una franja estrecha, pero suficiente para que pudiera ver el disco solar íntegro.

Conclusiones del estudio

Tras la realización del estudio se pudo corroborar que efectivamente las SLE son acontecimientos más frecuentes de lo que podríamos imaginar. Las SLE en la naturaleza son experiencias individuales, complejas y profundas, que afectan mayoritariamente a la dimensión espiritual de la persona. Son experiencias con una alta capacidad de sensibilización, cercana a la máxima, altamente significativas, muy emotivas, intensas y perdurables en el tiempo, quizás para toda la vida, como se muestra en las altas medias y las modas con el valor máximo obtenidas. Estas experiencias pueden provocar cambios significativos, profundos y duraderos en las personas en cuanto a su percepción, valoración y relación con el medio ambiente.

Algunas características de SLE en la naturaleza apuntan hacia la percepción de una distorsión en el tiempo, de un sentimiento de unión con la naturaleza y con la humanidad, de un intenso bienestar, de un profundo sentimiento de paz y alegría. Son percibidas, en general, por las personas que las han experimentado como una ayuda en su vida. La valoración de esta ayuda es muy alta. Esta circunstancia pone de manifiesto la dimensión de ayuda a las personas que el medio ambiente puede proporcionar y puede ayudar en el posicionamiento de estas personas para la conservación de la naturaleza.

Es conveniente explorar esta posibilitadora vía como estrategia de educación ambiental. Para ello, aunque conscientes de que no pueden producirse a voluntad, se propone favorecer el contacto con el medio natural, educando la capacidad de contemplar el medio ambiente. Mediante este acercamiento a los elementos presentes en el medio natural y su contemplación profunda se pretende focalizar la atención en el vínculo persona-naturaleza, para favorecer el estado de receptividad hacia las SLE que en la naturaleza que pudieran darse.

VII

SLE como conexión con la Ecología Profunda

Me hacía humilde. Sólo así podía ver con más profundidad la Naturaleza.

Park Jung-soo

Que la tierra es una comunidad, ése es el concepto básico de la ecología; pero que debemos amar la tierra y respetarla, eso es una ampliación de la ética.

Aldo Leopold, 1949

Hasta ahora hemos estado viendo la conceptualización y características de las SLE, su relación con el vínculo con lo natural, con la educación ambiental y su ocurrencia, más común de lo que a priori pudiéramos sospechar. En este capítulo se va a exponer la relación de estas experiencias con la llamada Ecología Profunda.

La Ecología Profunda es un término acuñado por el filósofo noruego Arne Naess[1] en 1973, que surgió como una respuesta crítica a la visión antropocéntrica y abrahamista que generalmente ha dominado la relación del ser humano con la naturaleza, sobre todo a partir de la revolución industrial. Naess propuso un enfoque holístico e integral, que no está centrado únicamente en el bienestar humano, sino que también valora la vida y el bienestar de todos los seres vivos, independientemente de su utilidad para los humanos. Este movimiento se basa en la idea de que la naturaleza tiene un valor intrínseco, lo que significa que cada ser, desde el más pequeño microorganismo hasta los grandes mamíferos, tiene derecho a existir y completar su ciclo vital. Este nuevo enfoque se desarrolló en un contexto de creciente preocupación por la crisis ambiental

---

1. Naess, 1989.

de finales del pasado siglo XX, donde se evidenciaba la enorme magnitud de los profundos impactos ambientales, muchos de ellos ya sin posibilidad de reversión, causados por la humanidad como la desertificación, la deforestación, la contaminación, la pérdida de hábitats y biodiversidad y el cambio climático. El enfoque de la Ecología Profunda invita a una reflexión profunda sobre nuestras creencias y valores, cuestionando un comportamiento basado en la idea de que el ser humano es el dueño del mundo y está por encima de la naturaleza. La Ecología Profunda desecha esa concepción del mundo como supermercado en el que puedo abastecerme de lo que me apetezca, cuando quiera, sin medida y sin preocuparme por las consecuencias causadas. Al contrario, la Ecología Profunda considera la naturaleza no como un recurso a explotar, sino como un compañero de viaje y nos anima a conocer en más profundidad y reconocer nuestra interconexión con el mundo natural y a adoptar una postura de respeto y cuidado hacia él. Es por eso que la Ecología Profunda es considerada como un movimiento filosófico además de ambiental, ya que afecta a la concepción del significado del mundo y nuestra relación con él, proponiendo una forma de vida ambientalmente responsable, muy en consonancia con la carta del Jefe Seattle al "Gran Jefe Blando de Washington" escrita 1854 en respuesta a la oferta de compra de tierras indias y considerada por algunos como la declaración más bella jamás realizada sobre el medio ambiente.

Los **principios** en los que se basa la Ecología Profunda son:

- Interconexión: propone una visión ecosistémica en la que todos los seres vivos están interconectados. Considera que cada forma de vida tiene un valor intrínseco, independientemente de su utilidad para los humanos. La naturaleza es compleja y puede enseñarnos mucho. Se trata más de imitarla que de dominarla.

- La exclusividad de cada individuo: es fundamental y se valora como tal, pero no debe confundirse con la dominancia o preponderancia de unos sobre otros. No hay nada que domine. Todo circula en el ecosistema.
- Valor intrínseco de la naturaleza: sostiene que la naturaleza no debe ser valorada desde una dimensión económica, sino que tiene un valor propio intrínseco que debe ser respetado y protegido.
- Crítica al antropocentrismo: rechaza la idea de que los humanos son el centro del universo y promueve una visión biocéntrica donde incorpora todos los seres vivos, ya que también tienen un propósito.
- Ética ambiental: fomenta una ética que considera la forma de ser y las necesidades de todas las criaturas y ecosistemas, incluyendo la de los seres humanos.
- Cambio de paradigma: aboga por un cambio en la forma en que las personas y sociedades perciben y se relacionan con la naturaleza, promoviendo estilos de vida sostenibles y respetuosos.
- Acción y activismo: impulsa la acción directa y la participación para proteger el medio ambiente, incluyendo la defensa de especies y ecosistemas amenazados.
- Educación y conciencia: promueve la educación ambiental y la concienciación sobre la importancia de la biodiversidad y los ecosistemas. Aboga por no quedarse en la superficialidad de los problemas ambientales, sino en profundizar hasta encontrar su raíz y posibles soluciones.

Se podría decir que todos estos principios que se aglutinan en 3 **pilares** que sustentan la Ecología Profunda:

Cuestionamiento profundo

La Ecología Profunda propone un enfoque crítico y reflexivo que busca entender las raíces de los problemas ambientales y las creencias subyacentes que los sustentan. Este cuestionamiento busca profundizar en lo que ya sabemos o en lo que nos han dado como respuesta o nos han dicho que tiene que ser así. Se trata así de profundizar en los problemas ecológicos, pasando de la ecología superficial a la Ecología Profunda, pensando cuál es nuestro papel en el cuidado del medioambiente y cómo se produce y qué significa nuestra relación con él.

Experiencia profunda

Las experiencias ligadas a las emociones profundas van a ser determinantes para la vivencia de la Ecología Profunda. Los sentimientos nos ayudan en nuestro crecimiento personal a la hora de relacionarnos con lo natural. No solo es lo cognitivo el factor que influye en lo experiencial, ni es determinante en los cambios de comportamiento. Posiblemente las emociones, sentimientos y entendimiento van frecuentemente unidos en las experiencias. Pero además suceden otras formas de conocer que superan el entendimiento, lo cognitivo, el mundo de las ideas. Todos estos elementos pueden formar parte de la experiencia profunda. Una experiencia como pueden ser las SLE. He aquí la relación de las SLE con la Ecología Profunda. Es uno de sus pilares, quizás el más determinante. A través de estas experiencias nos identificamos con la naturaleza, pasamos a un plano No-Dual, de sentimiento y comprensión de la comunión con la naturaleza, que aporta a la experiencia una significatividad tremenda y, por ello, se configuran como largamente recordadas.

Compromiso profundo

La Ecología Profunda busca compromisos ambientales profundos que ayuden en la solución de los problemas ambientales, guiados por la percepción del intrínseco vínculo con lo natural. Como se aprecia, la Ecología Profunda considera un necesario enfoque integral y transformador en la relación entre los humanos y su medio ambiente. Y aunque la Ecología Profunda tiene aspectos que pueden ser largamente debatidos, como la interrelación entre la visión antropocéntrica y biocéntrica o aspectos como el decrecimiento de la población humana o la excesiva interferencia con el llamado mundo-más-que-humano, lo que sí está claro es que propone una nueva forma de entender el vínculo con lo natural que es absolutamente conveniente para nuestra relación positiva con la naturaleza y que va a ayudarnos a entendernos mejor y a entender mejor el medio ambiente.

Perspectiva teocéntrica

La EA lleva muchos años intentando avanzar utilizando visiones antropocéntricas y biocéntricas en sus diferentes estrategias y programas ambientales. Como se ha comentado en apartados anteriores, está diagnosticado que no se ha conseguido todo lo que se hubiera pensado en un primer momento, de manera que los problemas ambientales siguen acrecentándose significativamente. Quizás sea el momento aquí de abogar por una perspectiva teocéntrica del medio ambiente. Se podría decir que en esta perspectiva se reconoce una unidad en la pluralidad entre naturaleza y espíritu. Esta perspectiva incluye valores espirituales de la que difunde una ética ambiental que afecta a la naturaleza de una manera holística. El punto de vista espiritual aporta otra dimensión a la Ecología Profunda. El cuidado de la naturaleza cobra un sentido mayor si hay una razón trascendental, si estamos juntos en una relación espiritual, ya que implica un valor intrínseco de la naturaleza que invita a conservarla[2]. Se resalta así nuestro deber de responsabilidad, de respeto y cuidado para con ella.

Quizás desde esta perspectiva se comprenda mejor la Ecología Profunda y el profundo e intrínseco vínculo ambiental que una a la naturaleza con el ser humano. El vínculo es tan potente que Emerson cree que *"La naturaleza está tan impregnada de la vida humana que hay algo de humanidad en todas las cosas, y en cada una en particular"*. Si la persona tiene una base biológica, natural, una manera de ser ajustada a lo natural, se deduce que la naturaleza también tiene algo de humana. Es desde esta visión donde aparece una continuidad entre inmanencia y trascendencia en los elementos del medio natural. Esta perspectiva incluye reconocer el alma de la naturaleza, como expresa Friedrich Hölderlin[3]:

> *[…] cuando me dejaba ir lejos por la desierta landa*
> *a la que subía desde el fondo de sombríos desfiladeros*
> *el canto revoltoso de los torrentes,*
> *cuando las nubes me cercaban con sus tinieblas,*
> *cuando la tempestad desencadenaba*
> *entre las montañas sus ráfagas furiosas,*
> *y el cielo me rodeaba con llamas, ah,*
> *entonces te veía, alma de la Naturaleza.*

2. Mallarach, 2023.
3. Hölderlin, 2020.

VIII

Encuentros en la naturaleza y Aprender a mirar como estrategias de Ecología Profunda para la Educación Ambiental

Cuando alguien no aprende a detenerse para percibir y valorar lo bello, no es extraño que todo se convierta para él en objeto de uso y abuso inescrupuloso.

Papa Francisco

Si supiera que el mundo se acaba mañana, yo, hoy todavía, plantaría un árbol.

Martin Luther King

Lo que da valor a la vida, puedes alcanzarlo –y perderlo– pero jamás poseerlo. Esta "verdad sobre la vida" prevalece ante todo.

Dag Hammarskjöld

Para comprender el mundo un científico tiene que entrar en la naturaleza , sentirla y vivirla.

Alexander von Humboldt

Llegados a este punto donde hemos desarrollado largamente la conceptualización de las SLE y su relación con la Ecología Profunda y su papel para la Educación Ambiental. Se han relatado además numerosos ejemplos, para ilustrarlas de una manera concreta. Ahora nos queda abordar ahora quizás el aspecto más difícil: su promoción. Conocemos el enorme poder sensibilizador de las SLE, cercano al máximo que se puede conseguir, y su enorme durabilidad. Conocemos su gran poder para producir cambios en las personas. Su potencial es enorme. Sin embargo, su aparición no depende de nosotros. Simplemente ocurren. La pregunta es: ¿podemos hacer algo para prepararlas, podemos preparar una especie de caldo de cultivo donde puedan desencadenarse más fácilmente, aun sabiendo que no depende de nosotros que ocurran? Al menos podemos intentarlo. Con este fin se proponen dos estrategias que pueden resultar muy obvias, pero que quizá en nuestro mundo actual ya no lo sean tanto. Estamos hablando de fomentar las visitas al medio natural donde pueden ocurrir encuentros y el aprender a mirar nuestro mundo.

Encuentros en la naturaleza

Para poder tener experiencias en la naturaleza es indispensable acercarse a ella. Esta sentencia que puede parecer una perogrullada quizás no lo es tanto si miramos el modelo de vida de aglomeración en las ciudades que dificulta cada vez más el contacto de las personas con el medio natural. Citando a Félix Rodríguez de la Fuente[1]:

> *"El mundo es espantoso para el ciudadano medio que vive en colmenas [...], urbes monótonas y horrísonas [...], calles sucias [...] recibiendo cultura como píldoras y mensajes [...] que no se ha demostrado que sean perfectos. Nuestra era se recordará en un futuro feliz, si es que se llega, con verdadero terror. El hombre tiene necesidad de libertad,*

---

1. Pou, 2008, 22.

del campo, del cielo, de tiempo para no hacer cosas [...] y aprender,
imaginar. Hoy no lo puede hacer.

Y prosigue[2]:

> *"Las generaciones nacidas en las más monstruosos aglomeraciones*
> *humanas, como Nueva York, Londres París o... Madrid, empiezan a*
> *arrojar un alto porcentaje de jóvenes inadaptados, sucios, melancóli-*
> *cos, irascibles, toxicómanos y con una expresiva sintomatología psíquica*
> *muy parecida a la del animal de experimentación arrancado prematu-*
> *ramente de su biotipo, y enjaulado. [...] Tal vez sea en estos fenómenos*
> *donde se encuentra la razón que impulsa al hombre de la ciudad a*
> *lanzarse al campo en cuanto tiene un día libre".*

La diagnosis *in crescendo* de enfermedades mentales en la población actual tienen buena parte de su causa en esta forma de vida
desenfrenada, inconsciente, de creación de necesidades continuas
a las que tenemos que dar respuesta rápidamente mediante el consumo de productos. Y este consumismo desacerbado y descontro-
lado provoca uno de los grandes males de nuestra sociedad actual
que recoge Lin An[3] en esta frase: *"La mayoría de las personas qué*
vacía y mal se siente, porque usa las cosas para deleitar su corazón en
vez de utilizar su corazón para disfrutar de las cosas".

Incluso se ha acuñado el término Trastorno por Déficit de Naturaleza (Nature Deficit Disorder)[4]. Se refiere a la idea de que la
falta de contacto con la naturaleza puede tener efectos negativos
en la salud y el bienestar de las personas. Es sabido que el contacto con la naturaleza es prescrito para el tratamiento psicotera-
péutico de múltiples enfermedades mentales, en lo que se llama

---

2. Idem, 66.
3. Lin An, 2002.
4. Richard Louv, 2005.

ecopsicología. En cierta forma la naturaleza se configura como nuestro centro, nos reequilibra. Nos devuelve la paz, la alegría, nos restaura. Digamos que vuelve a alinear nuestro ser con nuestra base biológica y espiritual. Visitar la naturaleza es altamente recomendable. En esta relación naturaleza espiritualidad Davis[5] (1998) apunta que: "La espiritualidad ha sido parte de la literatura de la ecología profunda y la ecopsicología desde sus inicios [...]" y la relaciona con la psicología transpersonal, que se centra en estudiar una conceptualización psicológica que enmarque la auto-trascendencia y los estados de consciencia místicos y lo relaciona directamente con los estados No-duales entre la persona y la naturaleza y cree que la falta de obtener estas experiencias y vivir en la dualidad genera sufrimiento, tanto para las personas como para el medio ambiente.

¿Y qué puede ocurrir cuando visitamos la naturaleza, si puede ser la naturaleza salvaje? Pues pueden ocurrir encuentros insospechados con elementos del medio natural: desde una especie vegetal o animal apenas macroscópica hasta una roca de una forma especial o un paisaje sublime de magnitudes colosales. Y estos encuentros pueden provocar la SLE. Claro. No va a ocurrir cuando nosotros queramos. Simplemente ocurre cuando tiene que ocurrir. No hay que forzar. Quizás no ocurra nunca y no pasa nada. No depende de nosotros. Lo que está claro es que podrá ocurrir más fácilmente si acudimos con frecuencia a la naturaleza. En definitiva, se trata de poner los medios para que pueda suceder.

Esos medios darán sus frutos, al menos, al reforzar el vínculo que tenemos con lo natural, con el llamado *connectedness* ambiental. Esta conexión puede tener repercusiones positivas importantes, como aprecia la ecopsicología:

5. Davis, 1998.

- Desarrollo de la conciencia ecológica: un fuerte sentido de conexión ambiental puede llevar a un mayor compromiso con prácticas sostenibles y la protección del medio ambiente, lo que genera un sentido de propósito.

- Reducción del estrés: pasar tiempo en la naturaleza y tener una conexión con el entorno natural se asocia con la reducción del estrés y la ansiedad. La exposición a los elementos del medio ambiente puede mejorar el estado de ánimo.

- Fomento de la salud física y mental: la conexión con el medio ambiente puede motivar a las personas a participar en actividades al aire libre, como caminar, correr o practicar deportes, lo que mejora la salud física y mental.

- Mejora del bienestar emocional: la conexión con la naturaleza puede promover sentimientos positivos de calma y paz interior, contribuyendo a un mayor bienestar emocional.

- Conexiones sociales: la participación en actividades relacionadas con la conservación o el ecoturismo puede fomentar la creación de redes sociales y comunitarias, lo que también contribuye al bienestar.

En resumen, el *connectedness* ambiental no solo beneficia al medio ambiente, sino que también tiene un impacto positivo en la salud mental y el bienestar de las personas, promoviendo una vida más equilibrada y satisfactoria. Y si además nos ocurre una SLE, pues mejor que mejor.

Aprender a mirar

> ¡Abre el ojo! ¡Abre el ojo!
> –repetían los marineros del Abraham Lincoln.
>
> *Julio Verne*

La realidad tangible que nos rodea atrapa nuestra atención y nos proporciona continuos mensajes[6] que de forma interactiva generan diferentes respuestas, algunas en forma de percepciones, que permiten diferentes conocimientos sobre los objetos al atrapar sus diversos mensajes. En el caso de la percepción, ésta se realiza fundamentalmente a través de nuestros sentidos, siendo el más significativo el sentido de la vista, para Cossio[7] "primera e ineludible condición del conocimiento". Comienza así el denominado como "pensamiento visual"[8] que genera la rutina de pensamiento "veo-pienso-me pregunto". Sin embargo, nuestra percepción visual, como el resto de sentidos, se acomoda fácilmente a lo conocido[9] y necesita volver a focalizar su atención para poder profundizar de forma escrutadora y analítica en la realidad, estando atenta a todos los detalles que permitan despertar el sentido del asombro[10] y obtener el máximo significado y conocimiento de la inmanencia y trascendencia de las cosas. Son numerosos los autores que tratan de transmitir la importancia del saber ver, y de la educación de la mirada. La importancia del mirar es tal, que Tàpies califica como deficiencia visual la poca atención en el mirar, que hay que aprender a profundizar[11]:

6. Clayton & Myers, 2015.
7. Cossio, 1929, 6.
8. Arnheim 1969.
9. Carson, 1956.
10. Abram 2010, 49.
11. Tàpies, 1967.

"Cuando miramos, normalmente sólo vemos lo que se nos da a nuestro alrededor: cuatro cosas —a veces bien pobres— sólo vistas por encima en medio del infinito".

Es por eso que la profundidad de la mirada debería alcanzar el nivel más atento y concentrado, el de la contemplación. Esta forma de mirar profunda busca alcanzar una mirada limpia, una mirada refinada, tal y como nos aconseja Antoni Tàpies[12]:

"¿Cómo mirar limpiamente, sin querer encontrar en las cosas lo que nos han dicho que debe haber, sino lo que sencillamente hay?".

La educación de la mirada cobra una especial relevancia, ya desde la infancia, porque es vía principal del conocimiento de lo que las cosas son, pudiendo desarrollar esta competencia hasta lo que Cossio llama "El arte de saber ver"[13], que permite desentrañar los mensajes de las cosas explorándolas con la mirada, "sabiendo verlas", obteniendo experiencias primarias esenciales[14]. Pero para eso hay que enseñar a mirar, a contemplar, hay que educar la mirada profunda hasta conseguir, la atención y posibilidad del ojo que escucha[15], hasta conseguir la mirada escrutadora que poseen los artistas. Como indica Rothko[16]: "¿Cómo nos podemos deshacer de las técnicas convencionales de percepción con el fin de ver con los ojos del artista?". Artistas como Manrique afloran esta idea de esta potente visión escrutadora: *"En mi infancia, lo primero que fue fotografiado por los objetivos de mis asombrados ojos, ávidos de sorpresas y saturados de una belleza única, fue la tierra"[17]. "Hay que*

12. Idem, 1967.
13. Cossio, 1929, 7.
14. Yenawine 2013, 7.
15. Palazuelo, 2011, 27.
16. López-Remiro, 2007, 18.
17. Manrique, 2005, 29.

enseñar a ver"[18], solía insistir César Manrique, apelando a la carga transformadora del ojo, educadora de la mirada. Manrique[19] ya incita a despertar agudamente la *"capacidad de poder ver y sentir con asombro y con conciencia de todo lo que poseemos"*. *Ojos que ven y que transforman lo mirado al intangible mundo de las ideas*[20].

Conviene desarrollar una mirada próxima al objeto hasta conseguir la profundidad de la experiencia que nos proporcionaría un "carácter táctil"[21]. La conformación y educación de la mirada escrutadora pretende comprender los objetos de forma integral, "porque el objeto es siempre más y de otra manera que lo pensado en su idea"[22]. Incluso se pueden buscar significados y mensajes que los objetos lanzan más allá del mero plano físico, alcanzando el plano metafísico[23]. Por eso también es necesario aprender en la observación de lo que no se ve. En este sentido Oteiza cree que "Todo lo que se ve es sagrado. Y lo que no se ve es una sacralidad oculta, una deficiencia nuestra visual"[24]. Es aprendiendo a mirar en profundidad como podemos alcanzar los posibilitadores mensajes que la materia encierra en todas sus dimensiones.

La capacidad de observar y contemplar despierta la conciencia y pueden generar experiencias significativas que fomenten el desarrollo personal y una comprensión más integral del mundo en el que vivimos y de nuestro propósito. La contemplación del medio ambiente puede ser un medio para conocernos a nosotros mismos, al mundo "más-que-humano" que existe fuera de nosotros y a nuestro Creador. Pero contemplar no es fácil. El mundo acelerado

18. Gómez Aguilera, 1994.
19. Manrique, 2005, 29.
20. Ortega y Gasset, 2010, 186.
21. Idem, 275.
22. Ortega y Gasset, 2010, 186.
23. Whitman, 1981: 289.
24. Merino, 2008, 40.

y con el tiempo extremadamente fragmentado nos dificulta parar para contemplar. La contemplación requiere un alto nivel de concentración para observar con profundidad y meditar sobre lo observado. Hay que detener la mirada. A través de la contemplación llegaremos a una valoración positiva e intensa de la creación. Le otorgaremos un continuo e intenso sentido inmanente y trascendente que, de otra forma, puede no percibirse o variar fácilmente. Si no se contempla, se corre el riesgo de perder la perspectiva sobre la finalidad del medio ambiente, reduciéndolo a un mero recurso y abandonándolo a los caprichos utilitaristas de la humanidad. Como recomendaba Tàpies: ¡Mirad, mirad a fondo![25].

La contemplación es una palabra con significado mucho más amplio que el de mirar u observar. Una primera aproximación nos sugiere que contemplar requiere una mirada profunda sobre el medio ambiente, una mirada detenida, refinada, bien sea en conjunto o sobre un elemento o parte del mismo. Pero si profundizamos en su significado, a través de definiciones del Diccionario de la Real Academia Española, encontramos que además implica *"Poner la atención en algo material o espiritual"*. También encontramos otro significado: *"Dicho del alma: Ocuparse con intensidad en pensar en Dios y considerar sus atributos divinos o los misterios de la religión"*. Quizás estas dos acepciones no estén tan desvinculadas. ¿Quién puede decir que mediante la contemplación del medio ambiente, a través de posar nuestra atención en algo material o espiritual no podemos pasar a la afección referente al alma, es decir, a ocuparnos con intensidad en pensar en Dios y considerar sus atributos divinos o los misterios de la espiritualidad y la religión? En el medio ambiente estas dos acepciones pueden tener lugar y unificarse, desde luego, resultado de la acción de su contemplación. Y ese asombro y admiración que germinan con la contemplación no son

25. Tàpies, 1967.

suficientes. Todavía hay que ahondar más, hasta llegar a la pasión que Shelley relata en la relación de un incipiente contemplador con el medio ambiente, como es el nacido-adulto engendro del doctor Frankenstein[26]:

> *"El magnífico espectáculo de la naturaleza que en muchos otros corazones despierta solo admiración, era para el suyo objeto de un culto lleno de la más encendida pasión".*

Posiblemente la forma de vida occidental, con la mayoría de la población residiendo en grandes ciudades, ha sido una de las causas por las cuales la persona ha perdido en cierta forma la capacidad de contemplar ese mundo exterior, la creación, la naturaleza, el medio ambiente, cuya belleza provoca, en palabras de Leandro Wolfson, *"embelesamiento en nuestros sentidos y sugiere conjeturas trascendentes".* En el entorno urbano, incluso físicamente, la persona tiene más dificultad de acceder a la contemplación de la naturaleza y también encuentra allí una "cosificación" de la vida, un montón de recursos artificiales, de "cosas" que le distraen y le apartan de su medio natural, tanto en el tiempo de trabajo como en el de ocio. El medio ambiente se aleja de nosotros. Más bien, nosotros nos alejamos del medio ambiente. La naturaleza que hemos querido conservar o incorporar en las ciudades, como parques y jardines, se encuentra en cierta forma "desnaturalizada". Normalmente está limitada, reducida, ya que no contiene todos sus elementos constituyentes y además digamos que su salud, en la mayoría de los casos, está más perjudicada por la agudización y abundancia de la contaminación y otras afecciones ambientales. El contacto con la naturaleza salvaje cada vez es menor.

26. Shelley, 1976.

Como resultado de esta forma de vida urbanita, posiblemente hemos atenuado o perdido el sentido del asombro (Carson, 1956), también debido a la fragmentación de la atención y del tiempo. El sentido del asombro, que podemos encontrarlo de forma innata en los niños, ya desde muy pequeños, se muestra en forma de un natural entusiasmo hacia lo que van descubriendo. Este asombro, este entusiasmo, este cierto sentido de aventura que aparece cuando niños, se va perdiendo, incluso antes de llegar a adultos, conforme la rutina se adueña de nuestras vidas y la atención se descentraliza del medio ambiente para ir hacia esas otras "cosas". Esta lamentable pérdida, descrita perfectamente por el poeta Carlos Marzal[27], nos distancia de nuestros orígenes y nos hace olvidar la aventura que puede suponer el redescubrimiento diario de nuestro mundo.

Hay una ingratitud consustancial
al hecho de estar vivos, un intrínseco
poder de desmemoria, y nos impiden
brindar a cada instante el homenaje
que cada instante de verdad merece,
por su absoluta magia de estar siendo,
en vez de no haber sido en absoluto.

Esta pérdida, si pensamos en ella, tiene que ver mucho con un cambio en el enfoque de nuestra atención. Generalmente focalizamos más en el "tener", en lo, digámoslo así, "artificial" y probablemente menos, o al menos no tanto como debiéramos, en el "ser", en lo que nos construye y nos hace mejorar como personas. Afortunadamente a través de la contemplación de la creación podemos volver a recuperar el sentido del asombro. Es casi infinito el caudal de elementos de la naturaleza que pueden despertar este

27. Marzal, 2001.

sentido, desde la perfecta cristalización de un copo de nieve hasta el armónico vuelo de un pájaro. Desde la maravilla etérea del fuego hasta la inquietante e inteligente mirada de un tigre. Por si fuera poco, estos elementos simples, variables en el tiempo, se combinan, interactúan, llegando a niveles de organización complejos, como ecosistemas o paisajes que, si sabemos contemplarlos, también provocan un efecto multiplicador en el asombro. Incluso más que la suma de sus partes, aunque en la naturaleza cada elemento también puede ser más que el todo. Esta contemplación de la naturaleza, esta mirada profunda y prolongada conlleva descubrir la perfección de todos sus elementos y engranajes. Significa reconocer su belleza rotunda y abrumadora (como la que tienen los lirios del campo que ya nos ayudó a contemplar Cristo). Significa descubrir al Hacedor detrás de la creación. Desaprender el ver rutinario para volver a aprender a contemplar y a asombrarte con las maravillas que encierra la creación es una buena práctica de sensibilización ambiental. A través de esta contemplación podemos descubrir al Creador y podemos llegar a entender muchos aspectos de nuestros comportamientos, de nuestra forma de ser y de actuar, tanto con nosotros mismos como con los demás seres humanos y con lo que conforma el mundo-más-que-humano.

A la hora de contemplar es conveniente trabajar la perseverancia. Añade la paciencia y perseverancia a tu intención cuando contemples. Es muy probable que si no tienes un hábito contemplador surjan dificultades, como la pérdida de atención o sentimiento de incapacidad. A contemplar no se aprende en un día. Un sentimiento de incompetencia puede surgir ante la dificultad de fomentar la contemplación en la pausa frente al ritmo acelerado de vida. No siempre podemos entender este mundo complejo de forma adecuada ni dar explicaciones correctas, rigurosas y convincentes a las preguntas que nos surgen ni a las emociones que nos provoca. Está muy bien desarrollar una rutina de pensamiento "Veo-pienso-me pregunto" al contemplar la creación. Pero muchas otras veces es conveniente desactivar nuestra parte intelectual, para buscar otras formas de conocer que llegan por otras vías y que permiten "contemplar-conocer el mundo-comprenderme en el mundo".

Y es que en el conocimiento del mundo podríamos decir que todo comienza con un *"eyes on"*, con la mirada profunda, refinada y escrutadora. Aunque esta "visualización del mundo" no tiene por qué ser protagonizada por los ojos. Generalmente es la principal vía de entrada de información para el conocimiento de lo externo. Pero también puede haber cierta sinestesia universal protagonizada por todos nuestros sentidos que vinculan el sentidor con lo sentido, como apunta Juan Ramón Jiménez[28]:

> *"[...] todos los sentidos corporales participan plenamente de cada uno de los otros, y, cada uno, de la totalidad del universo".*

También lo expresa así Shelley[29]:

> *"Una extraordinaria acumulación de sensaciones se apoderó, al comienzo, de mi ser. La vista, el olfato, el oído, el tacto se me revelaron simultáneamente y precisé, en verdad, mucho tiempo antes de poder diferenciar los distintos sentidos".*

Generalmente es el sentido de la vista el más utilizado. Las cosas de la creación *"capturan nuestro ojo y en ocasiones no quieren dejarlo escapar [...] capturando nuestra atención"*[30].

En la ayuda que nuestro espíritu pide a nuestro cuerpo para realizar la contemplación acude no sólo la vista, sino que también pueden participar el resto de los sentidos. Por ejemplo, no olvide-

---

28. Jiménez, 2017.
29. Shelley, 1976.
30. Abram, 2010.

mos el inmenso poder para evocar recuerdos que tiene el olfato. O la belleza de la música que nos regala la naturaleza a través de nuestros oídos. El tacto y el gusto también pueden ser muy importantes para incorporar de forma completa las emociones que el medio ambiente nos transmite. Continuando con Frankenstein y su descubrimiento del mundo:

> *"Estuve a punto de enloquecer de alegría cuando me di cuenta de que el agradable sonido, tan dulce a mis oídos, que había escuchado provenía de la garganta de unas pequeñas criaturas voladoras que, de vez en cuando, al pasar por delante de mí, habían ocultado en parte la luz del día. [...] Mis sentidos se extasiaban ante el maravilloso aspecto que tomaba toda la naturaleza. [...] Mis sentidos estaban hechizados y estimulados por mil distintos y exquisitos olores, por mil cosas hermosas. [...] Sentir el cálido beso del sol".*

Las emociones que emergen en nuestras experiencias participan activamente en nuestros aprendizajes. La respuesta emocional ante la información que de la naturaleza proporcionan nuestros sentidos puede ayudarnos a generar y facilitar la adquisición de nuevos aprendizajes sobre el medio ambiente (Novak, 1978) y poder ponerlos al servicio de la razón con el fin de comprender mejor la relación, el vínculo, la conexión del medio ambiente con la persona.

Félix Rodríguez de la Fuente[31] califica de *"apasionante"* la actividad de observar la naturaleza, que es lo mismo que *"auscultar los latidos del corazón de la tierra"*, una tierra que encierra *"profundos misterios"*.

Y todo este aprender a mirar, teniendo en cuenta que aunque fundamentalmente la vía de entrada relacional con el mundo es a través de los ojos, conviene hacernos conscientes de la ya men-

31. Pou, 2008, 168.

cionada idea de Saint Exupéry[32]: "*Sólo con el corazón se puede ver bien; lo esencial es invisible a los ojos*". Esta idea puede profundizarse más si ponemos en relación al alma con la mirada. Ya Dante nos recuerda que en los ojos se trasluce el alma[33], lo que reafirma el Duque de Rivas aludiendo a "los ojos del alma"[34]. Por su parte el papa Bonifacio VIII declara que "la meditación es el ojo del alma"[35]. Es interesante esta sentencia popular que dice "Los ojos, espejo del alma", queriendo decir que el alma puede mostrarse a través de los ojos. Pero Menéndez Pelayo[36] da la vuelta a la sentencia en lo que parece sólo una paradoja pero que alcanza un profundo calado: "El alma, espejo de los ojos". Esta sentencia busca manifestar que el mundo externo a nosotros, lo visible, puede conformarnos el alma también. Como se ve, encaja perfectamente con la visión mostrada hasta ahora de la Ecología Profunda y la Ecoespiritualidad.

32. Saint-Exupéry, 2014.
33. Alighieri, D. Paraíso, Canto XXI.
34. Duque de Rivas, El Faro de Malta, 231.
35. Fernández Dueñas, La vida en los ojos (V): los ojos, espejos del alma.
36. Menéndez Pelayo, Historias de los hombres ilustres de España.

IX

¿Esto termina aquí? La nueva cultura ecológica

La Ecología Profunda marca el camino para la Educación Ambiental y el reto conservacionista del siglo XXI. Y lo hace proponiendo caminos interesantes para avanzar en la comprensión de la relación entre las personas y el medio ambiente, su conexión, su vínculo. Esta relación es tan compleja, cambiante e interesante que seguramente queda mucho trabajo por descubrir y por entender. Somos conscientes de que son múltiples los agentes, contextos y factores implicados en la generación de nuestros códigos éticos. También somos conscientes de que son esos valores de nuestro código ético los que desencadenan nuestras acciones en el medio ambiente. Lo que está claro es que para avanzar en esta relación se hace necesario una ética de la Tierra, *de la Hermana Madre Tierra*, que promueva explícitamente la constitución de una nueva cultura ecológica. En palabras del papa Francisco[1]: *"Debería ser una mirada distinta, un pensamiento, una política, un programa educativo, un estilo de vida y una espiritualidad que conformen una resistencia ante el avance del paradigma tecnocrático"*. Más claro, nuestra hermana el agua.

---

1. Santa Sede, 2015, 35.

Y esa nueva cultura ecológica necesita una inteligencia que desarrolle el aspecto espiritual y ambiental de las personas. La Ecología Profunda nos propone generar experiencias que ayuden a desarrollar esta llamada inteligencia ecoespiritual para abordar con garantías el próximo futuro de la humanidad. Saber re-descubrir el valor de la creación como medio para la realización –también espiritual– de la persona; encontrar la unión intrínseca e indisoluble entre el medio ambiente y el ser humano; descubrir su potencial espiritual para meditar sobre la trascendencia de lo material a la que apunta a través de su inmanencia; desarrollar una correcta relación con él que avance hacia el logro de la plenitud posible, son expresiones de inteligencia ecoespiritual que pueden facilitar, junto con la ciencia ambiental una conservación ética de la naturaleza, digna de la humanidad. No olvidemos que *"[...] estamos llamados a ser los instrumentos del Padre Dios para que nuestro planeta sea lo que él soñó al crearlo y responda a su proyecto de paz, belleza y plenitud"*[2].

2. Idem, 17.

Oración-Epílogo

Altísimo, omnipotente, buen Señor,
tuyos son los loores, la gloria, el honor y toda bendición.
A Ti sólo, Altísimo, convienen
y ningún hombre es digno de hacer de Ti mención.
Loado seas, mi Señor, con todas tus criaturas,
especialmente el hermano sol,
el cual hace el día y nos da la luz.
Y es bello y radiante con grande esplendor;
de ti, Altísimo, lleva significación.
Loado seas, mi Señor, por la hermana luna y las estrellas;
en el cielo las has formado claras, y preciosas y bellas.
Loado seas Señor por el hermano viento,
y por el aire, y nublado, y sereno, y todo tiempo,
por el cual a tus criaturas das sustentamiento.
Loado seas, mi Señor, por la hermana agua,
la cual es muy útil, y humilde, y preciosa, y casta.
Loado seas, mi Señor, por el hermano fuego,
con el cual alumbras la noche,
y es bello, y jocundo, y robusto, y fuerte.
Loado seas, mi Señor, por nuestra hermana madre tierra,

la cual nos sustenta y gobierna,
y produce diversos frutos con coloridas flores y hierbas.
Loado seas, mi Señor, por quienes perdonan por tu amor
y soportan enfermedad y tribulación.
Bienaventurados los que las sufren en paz,
pues de Ti, Altísimo, coronados serán.
Loado seas, mi Señor, por nuestra hermana muerte corporal
de la cual ningún hombre viviente puede escapar;
ay de aquéllos que mueran en pecado mortal!
Bienaventurados aquéllos que acertaren a cumplir tu santísima voluntad,
pues la muerte segunda no les hará mal.
Load y bendecid a mi Señor y dadle gracias y servidle con gran humildad[3].

3. San Francisco de Asís. De Legísima y Gómez, 1945, 70.

Abram, David. 1997. *The spell of the sensuous: Perception and language in a more-than-human world.* New York: Vintage Books.

Abram, David. 2010. *Becoming animal: an earthly cosmology.* New York: Pantheon Books.

Aizenstat, S. 1995. "Jungian Psychology and the World Unconscious". In *Ecopsychology*, edited by Theodore Roszak, Mary E. Gomes, and Allen D. Kanner, 92-100. San Francisco (U.S.A.): Sierra Club Books.

An, L.2002. *El arte de vivir.* Barcelona: Kairos.

Arnheim, R. 1969. Visual Thinking. University of California Press, Berkeley and Los Angeles, California.

Artigas, M. 2011. *Ciencia, razón y fe*, Pamplona: EUNSA.

Baca-Motes, K., Brown, A., Gneezy, A., Keenan, E. y Nelson, L. D. 2013. "Commitment and Behavior Change: Evidence from the Field". *Journal of Consumer Research*, 39 (5): 1070-1084.

Bai, H. 2013. Peace with the earth: Animism and contemplative ways. *Cultural Studies of Science Education.* 10(1), 135-147.

Balsekar, R. (2004). *Habla la consciencia.* Barcelona: Editorial Kairós.

Bataille, G. 2014. Inner Experience. New York: State University of New York Press.

Berardi, F. 2019. Futurabilidad. La era de la impotencia y el horizonte de la posibilidad. Madrid: Tinta limón.

Berenson, B. 1949. *Sketch for a self-portrait*. New York: Pantheon.

Beringer, A. 1999. On Ecospirituality: True, Indigenous, Western. *Australian Journal of Environmental Education*, 15, 17-22. doi:10.1017/S0814062600002561

Berri, T. & Clarck, T. 1991. Befriending te Earth. A theology of reconciliation between humans and the earth. Nueva York: Orbis books.

Boeckel van, J. (2015). At the heart of art and earth: an exploration of practices in arts-based environmental education. *Environmental Education Research*, 21(5), 801-802. DOI: 10.1080/13504622.2014.959474.

Boff, L. 2003. *La voz del arco iris*. Madrid: Trotta.

Brown, L. R. 1995. "Ecopsychologist Are Drawing upon the Ecological Sciences to Re-examine the Human Psyche as an Integral Part of the Web of Nature". In *Ecopsychology*, edited by Theodore Roszak, Mary E. Gomes, and Allen D. Kanner, XIII–XVI. San Francisco (U.S.A.): Sierra Club Books.

Browning, G. 2014. Sabbath and the Common Good: An Anglican response to the environmental crisis. PhD thesis, Charles Sturt University, Australia. https://researchoutput.csu.edu.au/en/publications/sabbath-and-the-common-good-an-anglican-response-to-the-environme-3

Buber, M. 2005. *Yo y Tú*. Madrid: Caparrós editors.

Caduto, M. 1992. *A Guide on Environmental Values Education*. Madrid: Libros de la Catarata (Environmental Education Series No. 13 of the Unesco-UNEP International Environmental Education Programme), 1992.

Calvo, J. y Gutiérrez, S. 2007. *El espejismo de la Educación Ambiental*. Madrid: Morata.

Camus, A. 1996 [1942]. El mito de Sísifo. Madrid: Alianza editorial.

Carson, R. L. 2012 [1956]. *El sentido del asombro*. Madrid: Ediciones Encuentro.

Casado da Rocha, A. 2004. *Thoreau. Biografía esencial*. Madrid: Acuarela libros.

Castellani, L. 2011. *El evangelio de Jesucristo*. Madrid: Ediciones Cristiandad.

Castro, J. M. 2012. *Aproximación a la inteligencia espiritual*. Gran Canaria: ISTIC Instituto superior de teología de las Islas Canarias-Sede Gran Canaria.

Chawla, L. 1998. "Significant Life Experiences Revisited: a review of research on sources of environmental sensitivity", *The Journal of Environmental Education* 4 (4): 369-382.

Chawla, L. 1999. "Life paths into effective environmental action", *The Journal of Environmental Education* 31 (1): 15-26.

Chawla, L. 2006. "Research methods to investigate significant life experiences: review and recommendations". *Environmental Education Research*, 12 (3-4): 359-374, doi: 10.1080/13504620600942840

Chawla, L. 2001. "Significant Life Experiences Revisited Once Again: response to Vol. 5(4) 'Five Critical Commentaries on Significant Life Experience Research in Environmental Education'", *Environmental Education Research* 7 (4): 451-461. 2001doi: 10.1080/13504620120081313.

Cejas, J. M. 2014. *El baile tras la tormenta*: Madrid: Rialp

CENEAM. 1999. *El libro blanco de la educación ambiental en España*. Madrid: Ministerio de Medio Ambiente.

Clayton, S. & Myers, G. 2015. *Conservation Psychology. Understanding and promoting human care for nature*. Oxford: Wiley Blackwell.

Cobb, E. 1959. *The Ecology of Imagination in Childhood. Daedalus* 88 (3).

Comte-Sponville, A. 2006. *El alma del ateísmo. Introducción a una espiritualidad sin Dios.* Paidós: Barcelona.

Contreras, J. M. 2014. *Relatos autógrafos de conversión súbita en el siglo XX: Paul Cluadel, Manuel García Morente y André Frossard.* Tesis doctoral. Universidad Complutense de Madrid.

Csikszentmihalyi, M. 1990. *Flow. The Psychology of optimal experience.* New York: Harper Perennial.

Davis, J. 1998. The Transpersonal Dimensions of Ecopsychology: Nature, Nonduality, and Spiritual Practice. *Humanistic Psychology and Ecopsychology*, 26, 1-3.

De Blas, P.; Herrero, C. Y Pardo, A. 1991. *Respuesta educativa a la crisis ambiental.* CIDE: Madrid.

De Legísima, fray J. R. y Gómez Canedo, fray L. 1945. *Escritos completos de San Francisco de Asís y biografías de su época*, Madrid: Biblioteca de autores cristianos. Orbe SA y La editorial católica S.A.

Domínguez, P. 2009. Hasta la cumbre. Testamento espiritual. Madrid: San Pablo.

Echarri, F. 2015. *10 criterios para educar en el medio natural.* Madrid: Editorial CCS.

Echarri, F., & Echarri, V. 2021. Environmental education and ecological spiritual intelligence: The case of Basque mythology. *Australian Journal of Environmental Education*, 37(2), 120-131. doi:10.1017/aee.2020.33

Eliade, M. 2000 [1972]. *Tratado de historia de las religiones. Morfología y dialéctica de lo sagrado.* Madrid: Ediciones Cristiandad.

Ferrucci, P. (2009). Belleza para sanar el alma. Barcelona: Ediciones Urano.

Flowers, M., Lipsett, L., & M. J. Barrett. 2014. Animism, Creativity, and a Tree: Shifting into Nature Connection through

Attention to Subtle Energies and Contemplative Art Practice. *Canadian Journal of Environmental Education*, 19, 111-126.

Fondation Louis Vuitton pour la création. 2009. *The arquitectural Project*. Paris: Fondation Louis Vuitton pour la creation.

Frankl, V.E. 2000. *Man's Search for Ultimate Meaning: A Psychological Exploration of the Religious Quest*. New York: MJF Books.

Frossard, A. 2009. *Dios existe, yo me lo encontré*. Madrid: RIALP.

García Morente, M. 2002. *El "Hecho Extraordinario"*. Madrid: RIALP.

Gardner, H. 2010. *La inteligencia reformulada. Las inteligencias múltiples en el siglo XXI*, Madrid: Paidós, 2010 (1ª ed. 2001).

Garrido, J. 1996. Proceso humano y gracia de Dios: apuntes de espiritualidad cristiana. Madrid: Editorial Sal terrae.

Gigliotti, L. M. 1990. "Environmental Education: What Went Wrong? What can be Done?", *The Journal of Environmental Education*, 22 (1): 9-12.

Gómez Aguilera, F. (1994). Arte y naturaleza en la propuesta estética de César Manrique. *Atlantica*, 8, 58-63. Las Palmas de Gran Canaria: Centro Atlántico de Arte Moderno.

Gómez Aguilera, F. 2005. Introducción. In C. Manrique (Ed.), *La palabra encendida. Selección de textos e introducción de Fernando Gómez Aguilera*. León: Universidad de León. Plástica & palabra.

Gore, A. 2006. *Una verdad incómoda*. Emmaus, Pennsylvania: Rodale Books.

Gough, S. (1999) Significant Life Experiences (SLE) Research: a view from somewhere. *Environmental Education Research*, 5(4), 353-363.

Graburn, N. 1977. The Museum and the Visitor Experience. Roundtable Reports, 1-5. www.jstor.org/stable/40479310

Han. B. C. 2016. El aroma del tiempo. Un ensayo filosófico sobre el arte de demorarse. Barcelona: Herder.

Hammarskjöld, D. 2009. *Marcas en el camino,* Madrid: Editorial Trotta.

Hawks, S. R. 1994. "Spiritual Health: Definition and Theory", *Wellness Perspectives* 10 (4): 3-11.

Hedlund-De Witt, A. 2013. "Pathways to Environmental Responsability: A Qualitative Exploration of the Spiritual Dimension of Nature Experience". *Journal for the Study of Religion, Nature and Culture,* 72 (2): 154-186.

Hesse, H. *El Caminante.* Ana M. Carvajal Hoyos. Caro Raggio. 2012.

Hoffman, E. 1992. *Visions of Innocence: Spiritual and Inspirational Experiences of Childhood.* Boston: Shambala.

Hölderlin, F. 2022. *Poesía complete de Hölderlin.* Madrid: Ediciones Cátedra.

Hubbell, S. 2016. *Un año en los bosques.* Madrid: Errata naturae.

Hugo, V. 2012. *Viaje a los Pirineos y los Alpes,* Barcelona: Alhena Media.

Hulin, M. 1993. La mística salvaje. Madrid: Siruela.

Ingold, T. 1987. *The Appropriation of Nature: Essays on Human Ecology and Social Relations.* Iowa City: University of Iowa Press.

Ingold, T. 2000. *The perception of the environment. Essays in livelihood, dwelling and skill.* London and New York: Routledge.

Janson, H. W. & Janson, A. F. 2001. History of art. In: *Seeing Rothko,* edited by Phillips, G. & T. Crow. (2005: 817). Singapore: Getty Research Institute.

Jeffers, S. 1993. *Chief Seattle's Speech: The Story of the First American Environmentalist.* Penguin Books: New York.

Jiménez, J. R. 2017. *Poesía completa.* Madrid: Visor libros.

Jones, K. 2002. "'A Fierce Green Fire': Passionate Pleas and Wolf Ecology, Ethics, Place & Environment", *A Journal of Philosophy & Geography* 5 (1): 35-43. doi: 10.1080/13668790220146438.

Keniger, L.E., K. J. Gaston, K. N. Irvine, & Fuller R. A. 2013. "What are the benefits of interacting with nature?", *International Journal of Environmental Research and Public Health* 10: 913-935. doi:10.3390/ijerph10030913.

Kollmuss, A., & Agyeman, J. 2002. "Mind the Gap: Why do people act environmentally and what are the barriers to pro-environmental behavior?", *Environmental Education Research* 8 (3): 239-260.

doi.org/10.1080/13504620220145401.

Laski, M. (1961). *Ecstasy: A Study of Some Secular and Re-ligious Experiences.* London: The Cressett press.

Leff, E. 1996. "La insoportable levedad de la globalización: la capitalización de la naturaleza y las estrategias fatales de la sustentabilidad": *Foro de Economía Política-Tendencias.*

Leopold, A. 1966 [1949]. *A Sand County Almanac.* New York: Oxford University Press.

Lesort, P. A. 1963. *Claudel visto por sí mismo.* Paris: Éditions du Seuil.

López-Remiro, M. 2007. Mark Rothko. Escritos sobre arte (1934-1969). Paidós Estética: Barcelona.

Louv, R. 2005. *Last Child in the Woods.* Chapel Hill: Algonquin Books.

Maderuelo, Javier. 2006. *Jameos del Agua.* Lanzarote: Fundación César Manrique.

Mallarach, J. Mª. (coord.). 2008. *Valores Culturales y Espirituales de los Paisajes Protegidos.* Volumen 2 de la serie Valores de los Paisajes Terrestres y Marinos Protegidos, Sant Joan les Fonts: UICN, GTZ y Obra Social de Caixa Catalunya.

Mallarach, J. M. (2023). L'espiritualitat en la protecció del patrimoni natural: història i perspectives. Qüestions de Vida Cristiana, 276, 29-39.

Manrique, C., *La palabra encendida. Selección de textos e introducción de Fernando Gómez Aguilera,* León: Universidad de León. Pástica & palabra, 2005.

Martín, C. 2017. *Vivir en espíritu y en verdad.* Barcelona: Ediciones Obelisco.

Martínez de Anguita, P. 2002. *La tierra prometida. Una respuesta a la cuestión ecológica.* Pamplona: EUNSA serie ciencias.

Marzal, C. 2001. *El combate por la luz.* Valencia: metales pesados.

Maslow, A. (1967). *Religions, values and peak-experiences.* New York: Viking Press.

Massumi, Brian. 2002. *Movement, affect, sensation. Parables for the virtual.* Durham and London: Duke University Press.

McDonald, B. 2003. The Soul of Environmental Activists. *International Journal of Wilderness,* 9(2), 14-17.

Meadows, D., Randers, J. & Behrens, W. 1972. *Los límites del crecimiento. Informe del Club de Roma sobre el predicamento de la humanidad.* México: Fondo de Cultura económica.

Merino, J. L. 2008. *Habla Oteiza.* Bilbao: Editorial Avance Proyectos.

Muir, J. 2001. *The Mountains of California.* San Francisco: Sierra Club.

Naess, A. 1989. The environmental crisis and the deep ecological movement. In *Ecology, Community and Lifestyle* (pp. 23-34). Cambridge University Press.

NCC (National Curriculum Council). 1993. *Spiritual and moral development. A discussion paper.* York: National Curriculum Council.

Newell, J. 2008. *Christ of the Celts.* Glasgow: Wild Goose publications.

Novo, Mª. 2003. *La educación ambiental. Bases éticas, conceptuales y metodológicas,* Madrid: UNESCO Universitas.

Novo, Mª. 2006. *El desarrollo sostenible. Su dimensión ambiental y educativa.* Madrid: Pearson educación.

Novo, Mª. 2010. *Despacio, despacio.20 razones para ir más lento,* Madrid: Ediciones Obelisco.

Flannery O'Connor. 2016. *Cuentos completos.* Barcelona: Anagrama.

Ortega y Gasset, J. 2010 [1925]. *España invertebrada. La deshumanización del arte y otros ensayos de estética.* Barcelona: Centro editor PDA.

Palmer, J. 1998. *Environmental education in the 21st century: Theory, practice, progress and promise.* London: Routledge.

Palmer, J.A., Suggate, J., Robottom, I.M., & Hart, P. 1999. Significant life experiences and formative influences on the development of adults' environmental awareness in the UK, Australia, and Canada. *Environmental Education Research,* 5(2): 181-200.

Park J. "Tiger: The Dark Side of the Moon". Park, J. (2021). Tiger: The Dark Side of the Moon [Documental]. National Geografic.

Perl, E. 2007. Teophany. Neoplatonic philosophy of Dionysius the Areopagite. New York: State University of New York Press.

Platón. (1973). Fedro, o de la belleza. Buenos Aires: Aguilar Argentina.

Pou, M., *Félix Rodríguez De La Fuente. El Hombre y su obra,* Barcelona: Planeta, 1995.

Pou, M. 2008. *La conciencia planetaria de Félix Rodríguez de la Fuente. Propuestas de un genio a la sociedad.* Madrid: Rueda.

Priem, K., & Mayer, C. 2017. Learning how to see and feel: Alfred Lichtwark and his concept of artistic and aesthetic education. *International Journal of the History of Education,* 53(3), 199-213.

Proust, M. 2004. En busca del tiempo perdido. Madrid: Alianza editorial.

Puig, J. & Echarri, F. 2016. Environmentally significant life experiences: the look of a wolf in the lives of Ernest T. Seton, Aldo Leopold and Félix Rodríguez de la Fuente. *Environmental Education Research*, 24(5), 1-16. https://doi.org/10.1080/13 504622.2016.1259394

Puig, J., Echarri, F., y Casas, Mª. 2014. "Educación ambiental, inteligencia espiritual y naturaleza". *Teoría de la educación* 26 (2): 115-140, doi: http://dx.doi.org/10.14201/teoredu2014261115140.

Rech, Y. 2013. *Bodaïshin, l'esprit de l'éveil*. Niza: Editions Yuno Kusen.

Redclift, M. 1987. *Sustainable Development. Exploring the Contradictions*. Londres: Routledge.

Riechmann, J. 2004. *Gente que no quiere viajar a Marte. Ensayos sobre ecología, ética y autolimitación*. Madrid: Los libros de la catarata.

Riley, K. & White, P. 2020. 'Attuning-with', affect, and assemblages of relations in a transdisciplinary environmental education. *Australian Journal of Environmental Education*, (2020) 1-11. doi:10.1017/aee.2019.30

Robinson, E. 1977. *The Original Vision: A study of the religious experience of childhood*. London: Religious experience research unit, Manchester College, Oxford University.

Rousseau, J. J. *Emile*. Varias ediciones disponibles.

Sabaté, F., Sabaté, J., & Zamora, A. (2013). *César Manrique. La conciencia del paisaje*. Tenerife: Fundación Caja Canarias.

Saint-Exupéry (de), A. 2014. *The little prince*. Towcester: Wordsworth editions.

Santa Sede. 2015. Carta Encíclica *Laudato si'* del Santo Padre Francisco sobre el cuidado de la casa común, 2015.

Scott, E. 2002. The challenge of increasing proenvironment behavior. En: Bechtel, R. B. & Churchman, A. (Eds.). *Handbook of environmental psycology*. John Wiley & Sons, Inc.

Seton, E.T. 1941. *Trail of an Artist-Naturalist. The autobiography of Ernest Thompson Seton*, New York: Charles Scribner's sons.

Seton, E.T. 2009. *Wild Animals I Have Known*. Project Gutenberg's. http://www.gutenberg.org/files/3031/3031-h/3031-h.htm.

Shaviro, S. 2002. Beauty lies in the eye. In Massumi, B. (Ed.), *A shock to thought. Expression after Deleuze and Guarttar*i (2002, 9-19). London and New York: Routledge.

Shelley, M. W. 1976. *Frankenstein*. Barcelona: Bruguera. Libro amigo.

Sherwood, P. Soul Education: inspiring a new passion for sustainable learning. En: Wooltorton, S. & Marinova, D. (Eds.). *Sharing wisdom for our future. Environmental education in action*. Proceedings of the 2006 Conference of the Australian Association of Environmental Education.

Sobel, D. 2008. *Childhood and Nature: Design Principles for Educators*. Portland, Maine: Stenhouse publishers.

Spira, R. 2014. *Presencia, Volumen I: El arte de la paz y la felicidad*. Málaga: Editorial Sirio.

Steiner, R. 1996. *La educación del niño desde el punto de vista de la ciencia espiritual*. Hudson: Anthroposophic Press.

Suzuki, D. 2010. *El zen y la cultura japonesa*. Barcelona: Editorial Paidós.

Tanner, T. 1980. "Significant life experiences: a new research area in environmental education", *Journal of Environmental Education* 11 (4): 20-24.

Tàpies, A. (1967). El joc de saber mirar. Cavall Fort, 82.

Teixidor, O. 2017. La experiencia contemplativa. In Fajardo, O. (ed.), *La experiencia contemplativa*. Barcelona: Kairos.

Thoreau, H. D. 2004. *Walden.* Princeton: Princeton University Press.

Torralba, F. (2011). *Inteligencia espiritual.* Barcelona: Plataforma editorial.

Tsevreni, I. 2011. "Towards an environmental education without scientific knowledge: an attempt to create an action model based on children's experiences, emotions and perceptions about their environment", *Environmental Education Research* 17 (1): 53-67, doi:10.1080/13504621003637029.

UNESCO-PNUMA. 1994. *Tendencias de la educación ambiental a partir de la conferencia de Tbilisi.* Serie de Educación Ambiental nº. 1, del Programa Internacional de Educación Ambiental UNESCO-PNUMA. Bilbao: Libros de la Catarata.

UNEP. 1972. *Declaration of the United Nations Conference on the Human Environment.* Recuperado de: http://www.unep.org/Documents.Multilingual/Default.asp?DocumentID=97&ArticleID=1503&l=en

Varillas, B. 2010. *Félix Rodríguez de la Fuente. Su vida, mensaje de futuro,* Madrid: Fundación Félix Rodríguez de la Fuente.

Velázquez, Ó. 2002. *Platón: El Banquete o siete discursos sobre el amor.* Santiago de Chile: Editorial Universitaria.

Verne, J. 1979. *Veinte mil leguas de viaje submarino.* Madrid: Alianza editorial.

Villalba, J. 2016. *Maslow: la teoría de la motivación humana.* Madrid: Alianza editorial.

Vining, J., & M. S. Merrick. 2012. "Environmental Epiphanies: Theoretical Foundations and Practical Applications", *The Oxford Handbook of Environmental and Conservation Psychology* (485-508). New York: Oxford University Press. doi:10.1093/oxfordhb/9780199733026.001.0001.

Williams, K., & Harvey, D. 2001. "Transcendent experience in forest environments", *Journal of Environmental Psychology* 21: 249-260.

Whitman, W. 1981 [1891]. *Leaves of Grass.* Barcelona: Mayol Pujol.

Witt, D. L. 2012. Epiphany on the Plains. Ernest Thompson Seton in New Mexico. *El Palacio. Art, History, and Culture of the Southwest,* 115(2), 48-55.

Wolman, R. 2001. *Thinking with your soul. Spiritual intelligence and why it matters.* New York: Harmony books.

Wordsworth, W. (2010). *Intimations of Immortality from Early Childhood.* Oxford University Press.

Wright, W. M. (ed.). 2005. *Caryll Houselander: Essential Writings.* Maryknoll, NY: Orbis Books.

Yenawine, P. 2013. *Visual thinking strategies. Using art to deepen learning across school disciplines.* Cambridge: Harvard education press.

Zambrano, M. 1995. *La confesión: género literario.* Madrid: Biblioteca de ensayo, Siruela.

Zaya, M. (1981). Manrique, un artista para el medio ambiente. *Guadalimar,* 59, 53-55.

Zylstra, M. J. (2019). Meaningful Nature Experiences: Pathways for Deepening Connections Between People and Place (Chapter 3, pp. 40-57) in Verschuuren, B. & Brown, S. (Eds.). (2019). *Cultural and Spiritual Significance of Nature in Protected Areas.* London: Routledge.